그린 인테리어의 모든 것

잇츠그린

일러두기

식물의 명칭은 기본적으로 국가표준식물목록을 기준으로 했습니다. 권고하는 국명이 있는 경우, 국명으로 표기했고
국내에 소개되지 않은 식물 또는 국명이 정해지지 않은 식물은 학명 또는 유통명을 표기했습니다.
그 밖의 경우에는 국내 출판물과 논문에 사용된 명칭을 따랐습니다.

It's Green

그린 인테리어의 모든 것

잇츠 그린

주부의벗사 지음 | 황세정 옮김

samho MEDIA

차 례

Introduction •• 6

Part 1

Indoor
Green
Styling

전문가와 화초 애호가가 연출하는
그린 인테리어 · 스타일링

Part 2

Enjoy
Indoor
Green

집에서 도전!
화초와 채소 재배 실전 가이드

Part 3

Indoor
Plant
Collection

실내에서 키우기 좋은 화초 55종

집 안에 초록의 식물을 들이는 것은 기분 좋은 일입니다. 보고만 있어도 지쳐 있던 마음이 치유되고, 생명의 경이로움을 느낄 수 있지요. 그러나 막상 키우려고 마음먹으면 말라 죽이지는 않을지, 벌레가 생기지는 않을지 걱정되는 것이 사실입니다.

《잇츠 그린》은 이러한 분을 위해 집 안에서 화초를 키우는 사람들의 이야기와 함께, 화초 재배를 즐길 수 있는 방법을 제시합니다. 그린 코디네이터의 전문적인 도움을 받을 수 있는 '주문 재배'와 자기 나름대로의 개성을 즐기는 '셀프 재배' 중에서 여러분에게 맞는 재배법을 찾아보세요.

또한 화초 재배에 대한 기본 지식과 인테리어 활용법, 실내 채소밭 가꾸기도 다루었습니다. 실내에서 채소를 재배하는 것은 별다른 도구 없이도 할 수 있으니 가능하다면 도전해보시길 바랍니다.

이외에도 장소별로 나누어 키우기 좋은 화초 55종을 소개합니다. 초보자도 쉽게 도전할 수 있을 만큼 튼튼하게 자라는 식물로 골랐으니 집 안 환경에 맞추어 시작해보세요. 이 책이 여러분의 라이프 스타일에 어울리는 재배 방법을 구상하는 데 도움이 되었으면 합니다.

실내 화초를 가꾸고 스타일링하는 데는 다양한 방법이 있습니다.
전문가의 손길로 스타일리시하게 연출할 수도 있고,
나만의 재배 방법과 스타일로 개성 있게 꾸밀 수도 있지요.
싱그러운 초록으로 빛나는 8채의 집을 소개합니다.
여러분의 라이프 스타일에 맞는 스타일링 방법을 찾아보세요.

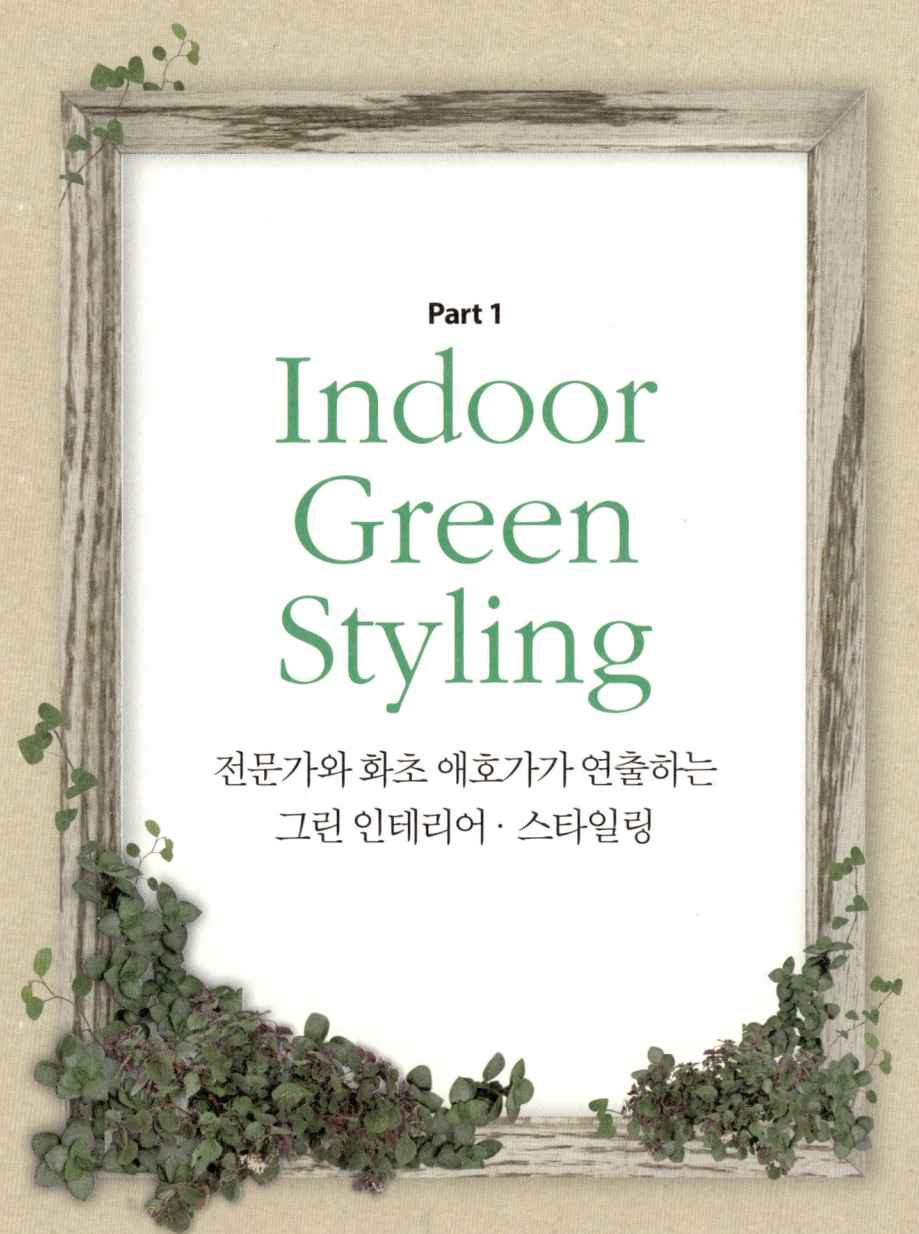

Part 1

Indoor
Green
Styling

전문가와 화초 애호가가 연출하는
그린 인테리어 · 스타일링

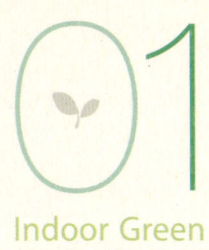

01

Indoor Green
주 문 재 배 편

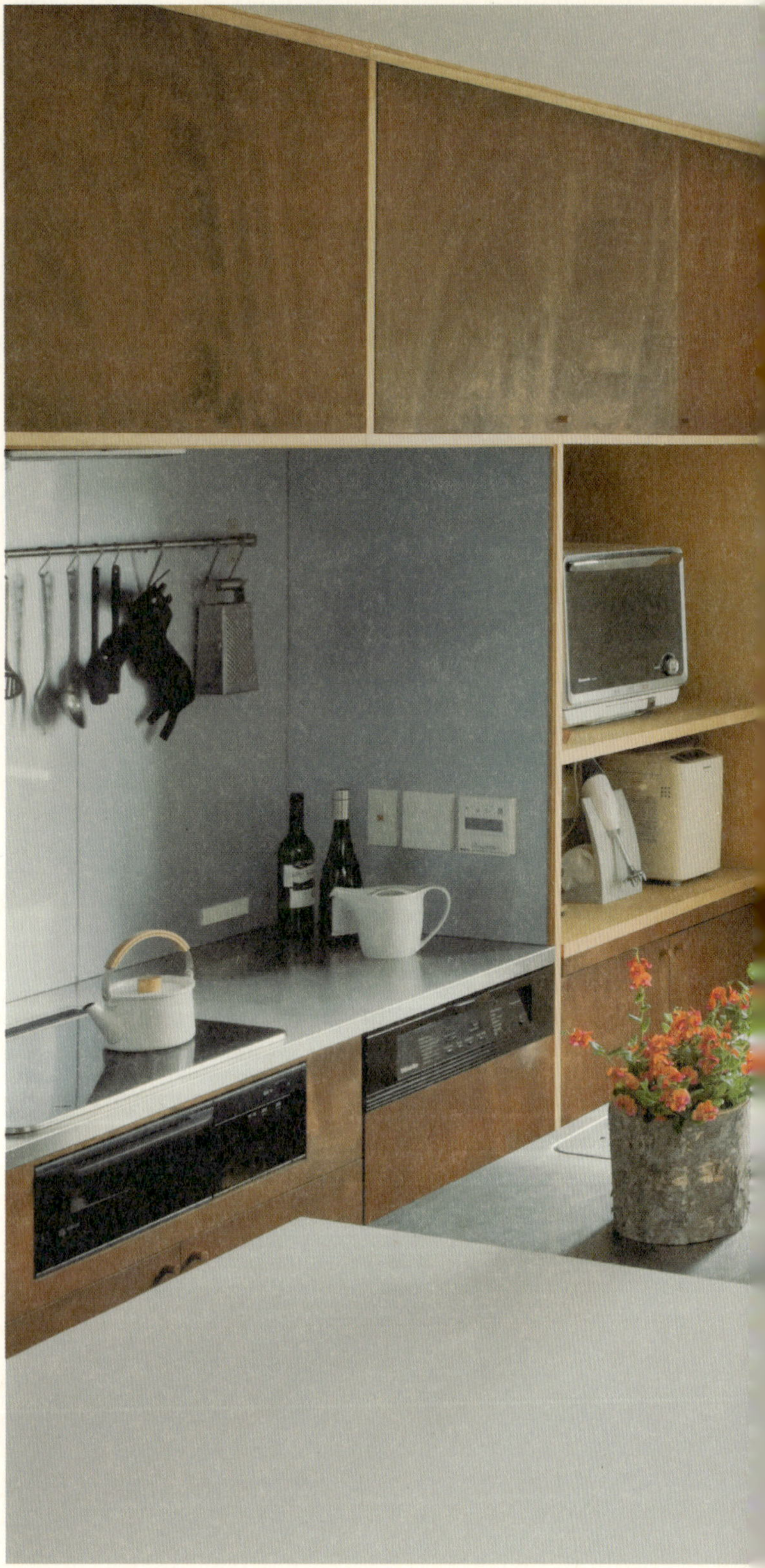

K 씨의 집

생기 넘치는 분위기가 생활에도 활력을 불어넣는다

그린 코디네이트 | 소 아틀리에SOW atelier의 이가라시 메이오

●● 편안하고 기분 좋은 공간을 만들려면 어떻게 해야 할까. 한마디로 딱 꼬집어 말하기는 어렵지만 K 씨의 집 안을 들여다보면 알 수 있다. 핵심 키워드는 바로 '생기'이다.

부드러운 햇살이 비치는 다이닝 키친. 미니멀한 인테리어에 맞춰 식물의 수를 제한하고, 부담 없이 키울 수 있는 작은 화분 위주로 꾸몄다.
순서대로 / 불꽃완두 2개, 개운죽＋드라세나 데레멘시스의 수경재배, 피커스 움베라타, 트리안

시선이 머무는 곳에 화초를 두면
편안함이 느껴진다

K 씨의 집은 들어서면서부터 상쾌함과 동시에 왠지 모를 편안함이 느껴진다. 특히 다이닝 키친에 앉아 부인이 정성껏 우려낸 차를 마시고 있으면 끊임없이 담소를 나누게 된다.

곳곳에 놓인 화초는 이러한 편안한 분위기를 조성하는 데 일조하는 아이템. 자연스레 시선이 닿는 창가나 카운터에 화초를 두면 심리적으로 안정감이 든다.

집 안 분위기에 어울리는 화초를 선택하고 관리 방법을 조언한 이는 바로 소 아틀리에의 이가라시 씨이다. K 씨 부부가 맞벌이인 것을 고려해 관리하기 쉬운 화초를 고르고, 각 장소의 채광 상태를 파악해 알맞은 식물을 배치했다.

덕분에 화초는 특별히 노력하지 않아도 항상 신선함을 유지할 뿐만 아니라 K 씨의 생활에 활력을 불어넣어 주는 존재가 되었다. 생명을 다루는 일이지만 부담이 적어 화초 키우기에 재미를 붙이고 어떤 일이든 긍정적인 생각으로 임하게 되었다고. 이러한 변화가 바로 집 안 전체에서 활력과 편안함이 느껴지는 비결일 것이다.

계단 사이로 보이는 거실의 모습. 안쪽에 놓인 '피커스 버건디'는 남편이 가장 아끼는 식물 가운데 하나다. 부인의 말에 따르면 물 주기는 기본이고 매일 잎을 닦거나 와이어를 감아 가지를 다듬는 등 친자식처럼 돌본다고.

계단을 올라가면 격자 너머로 심플한 형태의 거실이 있다. 화초의 매력이 한층 두드러지는 장소.
순서대로 / 에스키난서스 트위스디, 피기스 비긴디, 롱기나드라세나 트라이길러 레인보우+판상용 꽃의 수경재배

잡지에 소 아틀리에가 실리면서 K 씨와 이가라시 씨의 인연이 시작되었다. 수경재배한 화초는 K 씨가 이가라시 씨의 조언에 따라 꽃꽂이에 사용했던 가지를 옮긴 것. 곧 흙에 옮겨심을 예정이다.

왼쪽 위 / 페페로미아의 이끼 화분　　왼쪽 중간 / 개운죽과 드라세나 데레멘시스의 수경재배
왼쪽 아래 / 포에티두스 헬레보루스　　오른쪽 / 피커스 움베라타, 트리안

이가라시 메이오

도쿄 출생. 가드닝 숍에서 근무하다 2008년 소 아틀리에를 설립했다. 그린 코디네이터로 일하며, 아파트의 시공사와 주민을 대상으로 화단 관리법을 강연하고 있다.

그린 어드바이스

화초를 둘 장소의 환경을 제대로 파악하자! 동향인지 남향인지, 바람은 잘 통하는지, 계절에 따른 일조량에 변화가 있는지 등 적어도 일 년 동안은 환경의 변화를 관찰해야 이에 맞는 식물을 들이고 오래 키울 수 있다.

1층에서 바라본 계단. 창가에 놓인 작은 '페페로미아 앙굴라타'도 재미있는 계단의 구조만큼 눈길을 끈다. 전문 건축가가 설계한 집이어서 화분을 둘 수 있는 창가가 군데군데 마련되어 있다.

02

Indoor Green
주 문 재 배 편

S 씨의 집

신뢰감으로 만드는 '푸른 저택' 프로젝트

그린 코디네이트 | 에다 도시코

● ● 푸른색으로 둘러싸인 생활공간을 완성하기 위해 새로운 화초 재배에 끊임없이 도전하는 S 씨. 그녀의 곁에는 취향을 이해하고 존중해주는 그린 코디네이터 에다 씨가 5년째 함께하고 있다.

S 씨가 수집 중인 각종 오브제와 독특한 수형 樹形의 화초가 장식되어 있는 거실. 화분의 디자인에도 신경을 썼다.
순서대로 / 꼼솔, 쉐프렐라 콤팩타, 솝은잎 극락조화

스타일리시한 공간에 펼쳐진
초록의 향연

5년째 지속되고 있는 '푸른 저택' 프로젝트는 그린 코디네이터 에다 씨가 S 씨의 발코니 스타일링을 담당하면서 시작되었다. 주로 S 씨가 아이디어를 떠올려 연락하면, 에다 씨가 이에 맞는 이미지를 실현해줄 구체적인 화초와 스타일링을 제안하는 식이다. 계단실의 벽면을 수놓은 화초 스타일링도 이렇게 연락을 주고받는 과정에서 탄생한 작품. 나선형의 계단을 오르내릴 때마다 천장의 채광용 창에서 쏟아지는 햇살과 초록의 기운을 한껏 느낄 수 있다.

인테리어 애호가이기도 한 S 씨는 오브제 하나도 허투루 고르는 법이 없을 정도로 인테리어에 조예가 깊다. 그래서 집은 항상 고급스럽고 독특한 분위기가 감돈다. 이러한 S 씨의 취향에 맞춰 화초를 들이고 관리하는 것은 모두 에다 씨의 일. 미처 S 씨의 손이 닿지 않는 부분도 꼼꼼히 챙기고 있다.

나날이 푸른색의 옷을 입고 있는 '푸른 저택'은 두 사람의 깊은 신뢰감을 통해 만들어지고 있다고 해도 과언이 아니다.

계단실 위쪽에 새로 만든 화초 코너. 덩굴식물로 벽면을 덮을 계획이어서 격자 시렁을 설치했다. 화초는 여름철 더위와 겨울철 추위에 강한 화초를 선택했다.
순서대로 / 쉐프렐라 그란디, 마다가스카르 자스민, 콩키나드라세나, 벵갈고무, 좁은잎 극락조화

발코니. 이곳을 시작으로 에다 씨는 S 씨 집의 모든 화초를 관리하게 되었다. 해가 거듭될수록 무성해지는 화초는 도심 속 소음을 잊게 해주는 오아시스 같은 존재다.

현관 옆에 놓인 '라베니아 글라우카'.

길게 뻗은 '세이프리지야자'가 돋보이는 공간. 책상 위에는 송사리를 넣어둔 어항도 있다.

에다 도시코

건축가나 인테리어 디자이너 등 여러 분야의 전문가와 함께 일하며 다양한 장소의 그린 코디네이트를 담당하고 있다. 희소 품종이나 가지가 독특한 형태로 뻗어 나간 화초를 좋아한다.

그린 어드바이스

화초는 물을 잘 주는 것이 중요하다. 흙이 건조해지더라도 공기 중의 습도가 떨어지지 않으면 희망이 있으니, 분무기로 자주 물을 뿌리자. 그리고 식물을 두고 싶은 장소가 있다면 채광 상태와 여유 공간을 살피자. 식물이 자라는 데 중요한 요소이다.

잔설봉

십이지권

백주환

금황환선인장+칼랑코에의
모아심기

침실 옆에 위치한 서재.
다육식물의 형태가 각종
장식품에 뒤지지 않을
만큼 독특하다. 시간이
갈수록 매력적인 아이템.

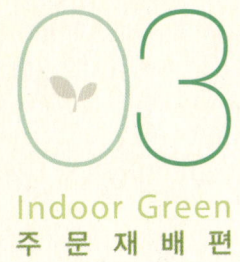

03

Indoor Green
주 문 재 배 편

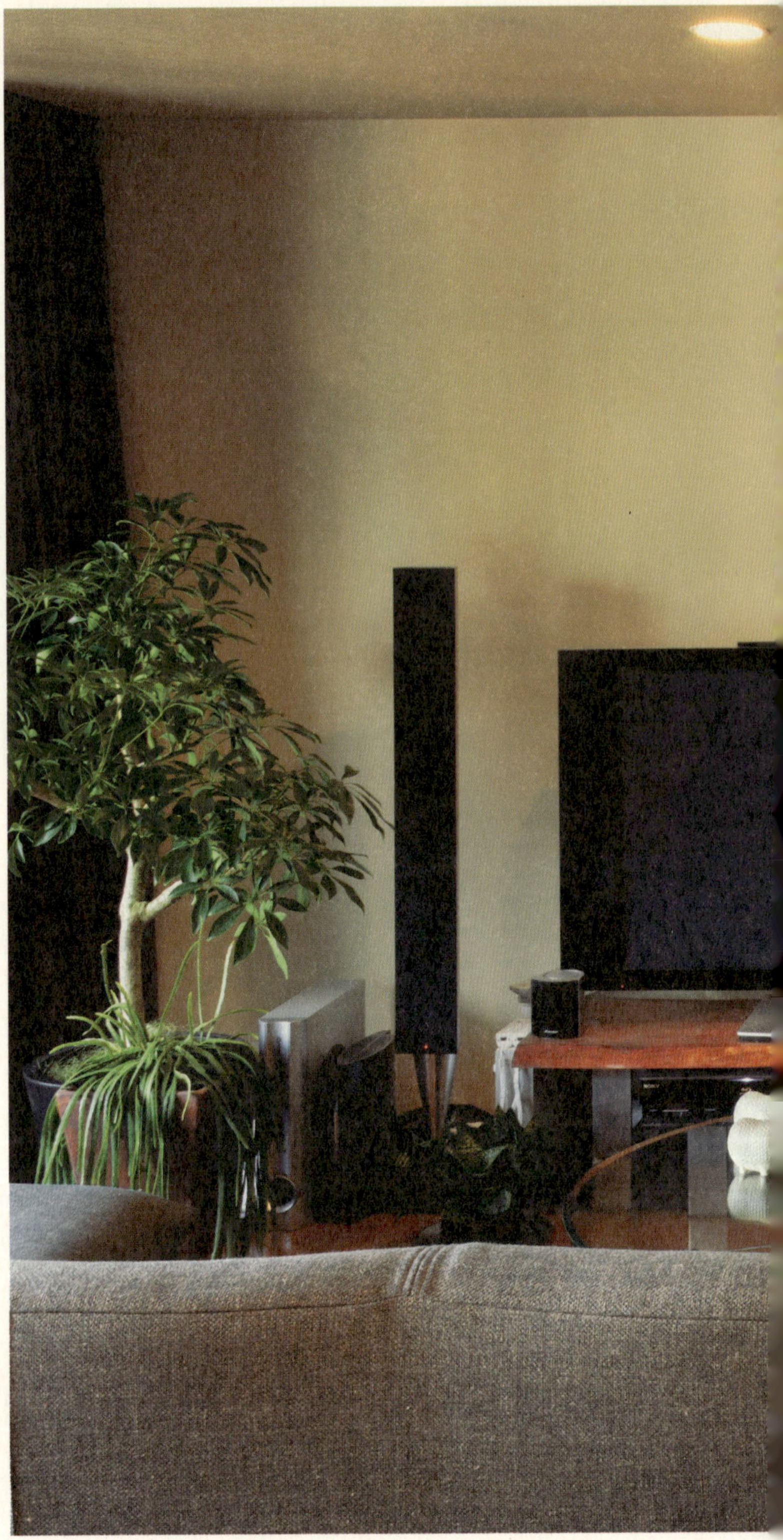

F 씨의 집

실내 화초로 꾸민 숲이 휴식 공간이 된다

그린 코디네이트 | 아카자키 준코

●● 바쁜 생활 속에서도 열심히 화초 재배에 도전하고 있는 F 씨. 그의 집은 점점 작은 숲처럼 변하고 있다. 도저히 식물을 돌볼 시간이 없을 때에는 그린 코디네이터 아카자키 씨의 도움을 받아 철저히 관리하고 있다.

기실의 처마가 깊어 직사광선을 싫어하는 관엽식물 위주로 선택했다. F 씨가 직접 가지치기한 파키라를 중심으로 다양한 화초가 숲을 이루고 있다.
순서대로 / 레피스미움, 쉐프렐라, 산세베리아 '하니', 파키라, 세이프리지아자

바쁘게 생활하는 만큼
집은 아늑한 휴식 공간으로

차분한 분위기의 집 안에 화초들이 마치 작은 숲을 이룬 것 같은 F 씨의 집. 바쁘게 지내기 때문에 집 안만큼은 아늑한 휴식 공간으로 꾸미고 싶어 다양한 화초를 숲처럼 드리웠다.

"출장이 길어지다 보면 화초가 시들거나 병에 걸려 있기 십상이에요. 그럴 때면 아카자키 씨에게 도움을 청하지요." 사실 물을 제때 주지 못해 말라서 죽게 한 화초도 이미 여러 개. 그러나 화초 가꾸기를 그만둘 수는 없다고 한다.

"매일 푸른 화초와 함께 지내다 보면 몸과 마음이 가뿐해지는 것을 느껴요. 화초가 없는 생활은 상상할 수도 없죠." 이러한 F 씨의 화초 사랑을 누구보다 이해해주는 아카자키 씨는 앞으로도 F 씨의 집에서 '숲의 관리인' 역할을 하며 휴식 공간을 지킬 것이다.

현관에 들어서면 가장 먼저 눈에 띄는 식물 '파키라'는 아카자키 씨가 세세하게 관리하고 있다. 화초가 싱그러움을 유지하기 위해서는 집주인과 전문가의 협력이 필수이다.

창가에 놓인 '레피스미움'과 '쉐프렐라'. 두 화초는 이 숲의 일원으로 갓 합류한 신참이다. 앞으로 어떤 모습으로 자랄지 F 씨도 기대가 크다.

테이블에 놓인 작은 화분들은 F 씨가 지인에게 선물 받은 것. 창가의 '쉐프렐라 콤팩타'를 가지치기해 테이블 위에 두었다.
순서대로 / 가지치기한 쉐프렐라 콤팩타, 유포르비아, 아가베, 관상용 다육식물

웃자란 쉐프렐라 콤팩타와 쉐프렐라 가지.

아카자키 준코

그린 코디네이터이자 일급 원예장식 기능사. 도쿄농업대학 환경녹지학과를 졸업해 식물도매회사와 화원에서 근무했고, 2009년부터 프리랜서로 활동하기 시작했다. 현재 주택과 사무실, 상업시설 능 다양한 장소의 그린 코디네이트를 담당하고 있다.

그린 어드바이스

취향과 라이프 스타일에 맞는 식물을 고르자. 식물을 가꿀 시간이 많다면 자주 물을 주고 관심을 기울여야 하는 식물을 고르는 것도 좋다. 애정을 주는 만큼 자라는 식물의 경이로움을 보게 될 것이다.

04

Indoor Green
주 문 재 배 편

가토 씨의 집

온화한 빛이 드는
집에 어울리는
내추럴 스타일링

그린 코디네이트 | 그래시 GRASSY의 다카우라 유코

●● 전체적으로 항상 따뜻한 햇살이 드는 가토 씨의 집은 다양한 화초를 키우기에 안성맞춤. 친구이자 그린 코디네이터인 다카우라 씨가 뜨개질과 도자기 수집 등이 취미인 가토 씨의 취향을 살려 화초와 함께하는 공간을 완성해주었다.

거실이 남향이라 항상 햇살이 가득 들어온다. '복륜산세베리아'는 원래 한 개의 화분에서 자라던 것. 포기가 많아져 4개의 화분에 나누어 심었다.
순서대로 / 버들선인장, 틸란드시아 세로그라피카, 복륜산세베리아(4개), 미디 팔레놉시스

피커스 루비기노사

쉐프렐라
엘레간티시마

자미아

거실 안쪽에는 직사광선은 싫어하지만 따
뜻한 햇살을 좋아하는 화초를 놓았다. 둥근
잎에 온화한 분위기의 화초 위주로 선택.

온종일 빛이 드는 집에 들인 식물이 여유로움을 준다

　가토 씨와 그린 코디네이터 다카우라 씨는 이웃사촌이자 같은 학교에 다니는 아이를 둔 학부모이다. 자녀 교육과 취미에 대한 정보를 공유하다가 자연스럽게 고객과 그린 코디네이터의 관계로 발전했다. 다카우라 씨가 가장 신경 쓴 곳은 항상 따뜻한 볕이 드는 창가. 이곳에 복륜산세베리아를 추천한 것도 그녀였다. 원래는 하나의 화분에 있었지만, 지금은 4개의 화분에 옮겨심을 정도로 무성해졌다.

　또 직사광선이 닿지 않는 곳에는 피커스 루비기노사나 자미아 같은 관엽식물을 추천했다. 아늑한 분위기까지 낼 수 있어 금상첨화. 질감이 느껴지는 토기에 심어 더욱 내추럴하다.

커다란 복륜산세베리아가 직사광선을 차단해주어 주변에는 따뜻한 곳을 좋아하는 식물을 두었다. 난에 속하는 '미디 팔레놉시스'는 해마다 꽃도 피운다.
왼쪽 / 버들선인장, 틸란드시아 세로그라피카, 복륜산세베리아　오른쪽 / 복륜산세베리아, 미디 팔레놉시스

거실 한편은 가토 씨가 뜨개질을 하거나 친구와 수다를 떠는 장소. 테이블에는 창가에 놓여 있던 공중식물 '틸란드시아 세로그라피카'
를 아끼는 도기에 넣어 장식했다. 도기는 모두 디자이너의 작품.

다카우라 유코

게이센여학원대학 원예생활
학과를 졸업해 매장 디스플
레이 관련 일에 종사하다가
2002년에 그래시를 설립했다.
법인과 개인을 대상으로 화초
플래닝부터 시공까지 그린 코
디네이트 전반적인 일을 담당
한다.

그린 어드바이스

식물은 생산자의 온실에서 최상의 상태로 출하되지만
매장에서 가정으로 유통되면서 상태가 나빠진다. 그
러니 들여왔을 때 조금 시들어 있다고 해서 낙심하지
말자. 환경에 적응하면 다시 생생해질 것이다. 한편,
잘 키우던 화초가 갑자기 시든다면 물을 너무 많이 준
탓일 수도 있다. 물을 주기 전에는 반드시 흙이 충분
히 말랐는지 확인하도록 하자.

전문가에게 실내 화초 스타일링을
맡기고 싶다면?

집 안을 화초로 근사하게 꾸미고 싶은 사람이라면
화초 전문가인 그린 코디네이터의 손길을 꿈꿀 것이다.
그린 코디네이터에게 스타일링을 의뢰하는 구체적인 방법과 장점을 소개한다.

취향과 라이프 스타일을 정확히 밝히자

그린 코디네이터란 관엽식물을 실내 스타일에 맞게 연출하는 사람을 말한다. 보통 집 안의 채광과 온도 등을 고려해 알맞은 식물을 추천하고, 전체적인 스타일링과 디자인, 식물의 유지 관리를 종합적으로 맡아 진행한다. 그렇다면 그린 코디네이터에게 어떻게 스타일링을 의뢰하고, 진행할까?

문의하고자 할 때는 먼저 거실, 베란다, 옥상 등 스타일링하고자 하는 장소와 면적을 말하자. 사진이나 도면 등의 자료를 준비하는 것도 방법. 식물을 두고 싶은 공간의 이미지나 정보 등을 공유하면 좀 더 좋은 디자인이 나올 수 있다. 규모가 있는 경우에는 업체에서 나와 현지 조사를 하기도 하므로 디자인에 대해 충분히 상담하면 된다.

그런 다음, 제시하는 예산을 꼼꼼히 살피도록 하자. 예산에는 구체적인 식물별 금액과 수량, 흙이나 화분 등의 재료비, 운송비와 현지조사비 등이 소요된다. 그리고 여기에는 전문가의 지식과 디자인 비용, 기술 비용이 포함된다는 사실을 기억하자. 화분 한두 개만 따졌을 때는 다소 비싸게 느껴질 수 있지만, 정원이나 베란다 등을 종합적으로 관리할 경우에는 비교적 저렴한 편이다. 간혹 시공 후 식물의 상태가 나빠지기도 하는데 바로 충분한 상담을 받을 수 있다는 것도 장점이다.

장식할 식물을 고를 때에는 자신의 취향이나 라이프 스타일을 확실히 밝히는 것도 중요하다. 그래야 화초를 키우는 재미를 느끼며 상상하던 아름다운 공간을 만들 수 있다.

01

Indoor Green
셀 프 재 배 편

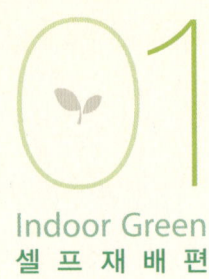

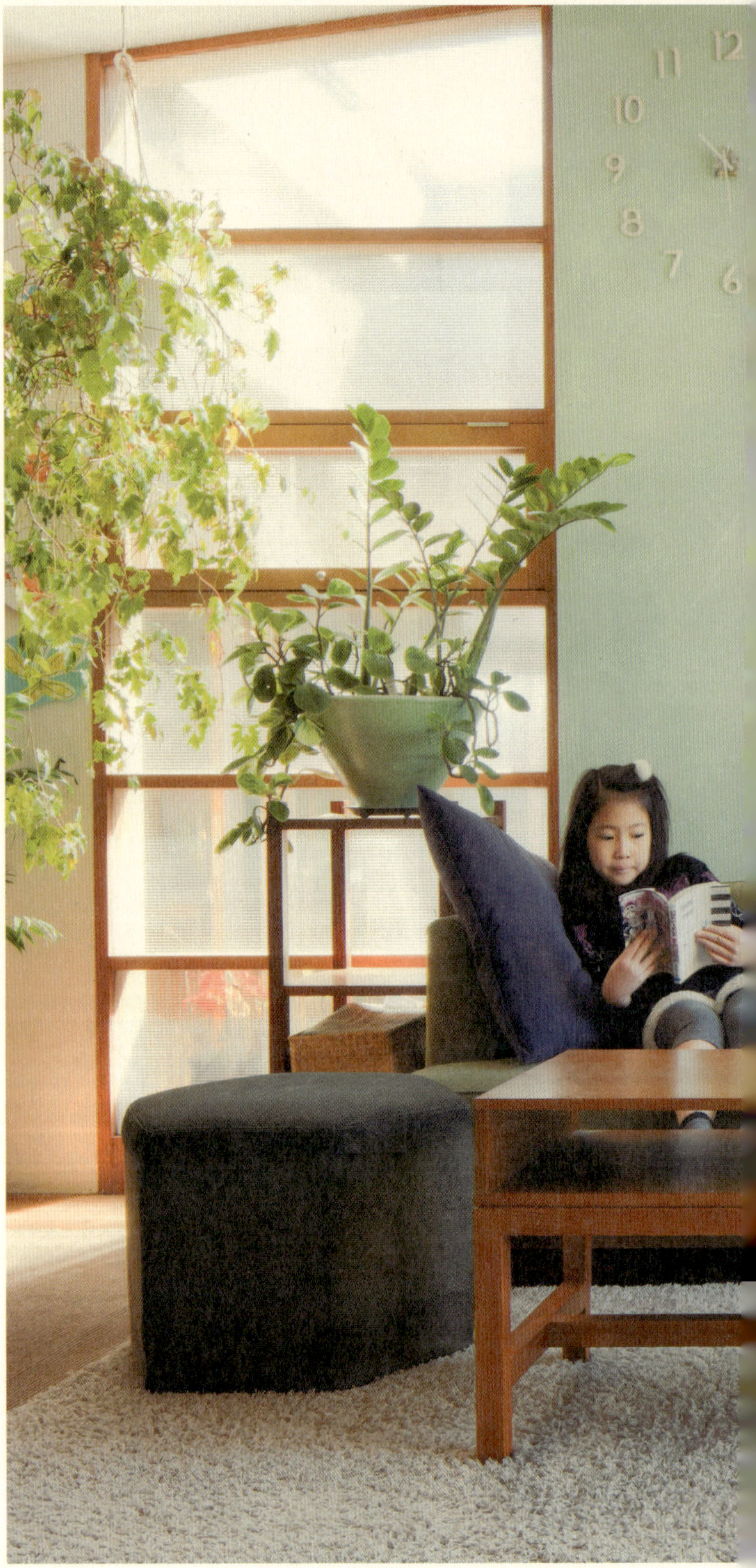

후루야 씨의 집

다양한 화초가 공존하는 체험의 장

●● 덩굴식물부터 대형 화초까지 다양한 화초가 군락하고 있는 거실은 후루야 씨가 직접 만든 공간. 화초 애호가라면 누구나 꿈꾸는 삶을 묵묵히 실현하고 있는 후루야 씨를 만나보자.

남쪽과 동쪽에서 늘 햇빛이 드는 거실. 이곳에는 후루야 씨가 줄곧 키워오던 식물과 시험 삼아 키우는 식물이 공존하고 있다.
순서대로 / 엘렌다니카 담쟁이덩굴, 자미오쿨카스+페페로미아의 모아심기, 담쟁이덩굴의 이끼 화분, 다란, 큰극락조화, 아레카야자 등

투박하지만 실험 정신이 빛나는 공간

　건축가 후루야 씨의 자택에는 화초가 가득하다. 화초 재배 솜씨가 거의 전문가 수준이어서 최근에는 정원이나 실내 화초 디자인을 의뢰하는 고객도 늘어났다고 한다. 화초에 대한 관심은 대학 시절 아무 생각 없이 구입했던 '스파티필룸' 때문이었다. 싹을 틔우고 나날이 자라는 모습에 매료되어 지금까지 화초를 키우게 된 것.

　그의 거실은 새로운 화초 재배에 도전하는 실험실이기도 하다. 벽면을 뒤덮거나 천장에서 늘어지는 덩굴식물, 녹음을 이루는 대형 화초, 손바닥 크기의 작은 식물까지 온갖 화초가 이곳에서 자라고 있다. 이렇게 다양한 화초가 자라는 데도 조화로운 것은 후루야 씨의 화초를 사랑하는 마음 때문일까? 푸른빛으로 가득한 공간에서 함께 생활하는 화초들도 행복해 보인다.

거실 서쪽에도 크고 작은 화초가 있다. '스킨답서스, 파키라, 스파티필룸' 등 대표적인 인테리어용 화초는 키우기도 쉽다.

창문을 통해 들어온 햇살이 테이블과 화초를 따뜻하게 내리쬔다.

조리대에 놓여 있는 작은 화분들은 거실과 주방을 구분하는 역할도 한다.
화분의 소재와 색상을 통일해 정돈된 느낌을 주었다.
순서대로 / 담쟁이덩굴의 이끼 화분, 산세베리아, 쉐프렐라 콤팩타, 벤자민고무

키 작은 화초는 의자나 스툴 위에 올려 자연스럽게 시선이 닿게
했다. 소박하면서도 재미있는 스타일링. 사진 속 화초는 '다란'.

후루야 씨가 처음으로 산 '스파티필름'. 포기를 나누어 3개의 화
분에 옮겨심었다.

시들어가는 화초를 가져와 되살
리는 것도 후루야 씨의 취미이다.
'그리피티물푸레'와 '담쟁이덩굴'
도 다시 살린 식물.

탁 트인 현관. 화초가 손님을 반갑
게 맞이한다.

트리안 걸이화분

팬지+아벨리아 그란디플로라 콘페티
+방울토마토의 수경재배

북쪽에서 햇빛이 일정하게 들
어오는 현관 옆 작업 공간. 세
련미와 실용성을 갖추어 작업
하기에 편하다.

02

Indoor Green
셀 프 재 배 편

후지에다 씨의 집

화초의 개성을
이끌어내는
창조적 디스플레이

●● 모던한 인테리어에 독특한 매력
을 풍기는 화초가 인상적인 크리에이터
후지에다 씨의 집. 희귀한 품종은 아니
지만 집주인의 창의력이 발휘되어 화초
하나하나가 저마다의 멋을 뽐낸다.

박쥐란의
헤고가꾸기

벵갈고무

"대중적이지만 독특한 형태를 좋아한다."라는 후지에다 씨.
이러한 취향은 조명에서 쏟아지는 빛과 어우러진
푸른 오아시스를 닮은 다이닝 공간에서 엿볼 수 있다.
화초의 형태를 고려한 공간의 디스플레이가
조화롭다.

튜피단더스

필로덴드론 비핀나티피둠

몬스테라 델리시오사

인테리어는 물론이고 조경에서도 크리에이터의 감각이 빛을 발한다

천장을 통해 빛이 쏟아지는 후지에다 씨의 다이닝 공간은 그 자체로도 근사하지만 곳곳에 자리한 독특한 형태의 실내 화초가 더욱 눈길을 끄는 곳이다. 물론, 이러한 연출이 가능했던 이유는 후지에다 씨가 직접 집을 설계하고, 인테리어 디자인과 화초 선정에 공을 들였기 때문이다.

'튜피단더스'는 다이닝 공간에서 가장 존재감이 뚜렷한 화초. 지금의 형태를 만들기 위해 나일론실로 묶어 정지整枝(가지치기)했다. 그리고 클래식한 가동식 스피커 위에는 식물원에서나 볼 수 있는 수형 수준의 '박쥐란'을, 침실에는 독특한 형태로 디자인한 '떡갈잎고무'를 들였다. 예술작품처럼 화초를 다듬고 관리하며 인테리어와 조화를 꾀하는 모습에서 후지에다 씨의 크리에이터다운 기질이 느껴진다.

직접 정지한 '튜피단더스'. 다음에는 어떤 가지를 자라게 할지 고르는 재미가 있다. 햇살이 아래로 쏟아질 때 만들어지는 그늘도 멋지다.

침실에 들인 '떡갈잎고무'. 독특한 줄기와 가지의 모양이 공간을 더욱 특별하게 만든다.

계단 옆에는
'벵갈고무'를 들여
입체감을 주었다.

욕실에는 부드러운
햇살을 좋아하는
'아스파라거스
스프렌게리'를
늘어뜨렸다.

고풍스러운 가동식 음향 시스템 위에 매단 '박쥐란'과 벽면에 '헤고가꾸기를 한 박쥐란'. 두 가지 모두 후지에다 씨가 좋아하는 화초다. 밝고 화사한 공간은 식물이 자라기에 가장 알맞은 곳이다.

장식품과 함께 진열된 '필로덴드론 쿠카부라'와 '청옥'.

테라스 벽면에는 '캐롤라이나 자스민'이 무성해 더욱 시원해 보인다.

화초를 관리하는 도구에서도 디자인과 색상에 신경을 쓴 흔적이 엿보인다. 화초에 관한 모든 관리는 스스로 하는 편이다.

43

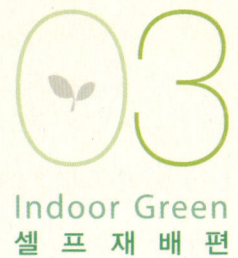

03

Indoor Green
셀 프 재 배 편

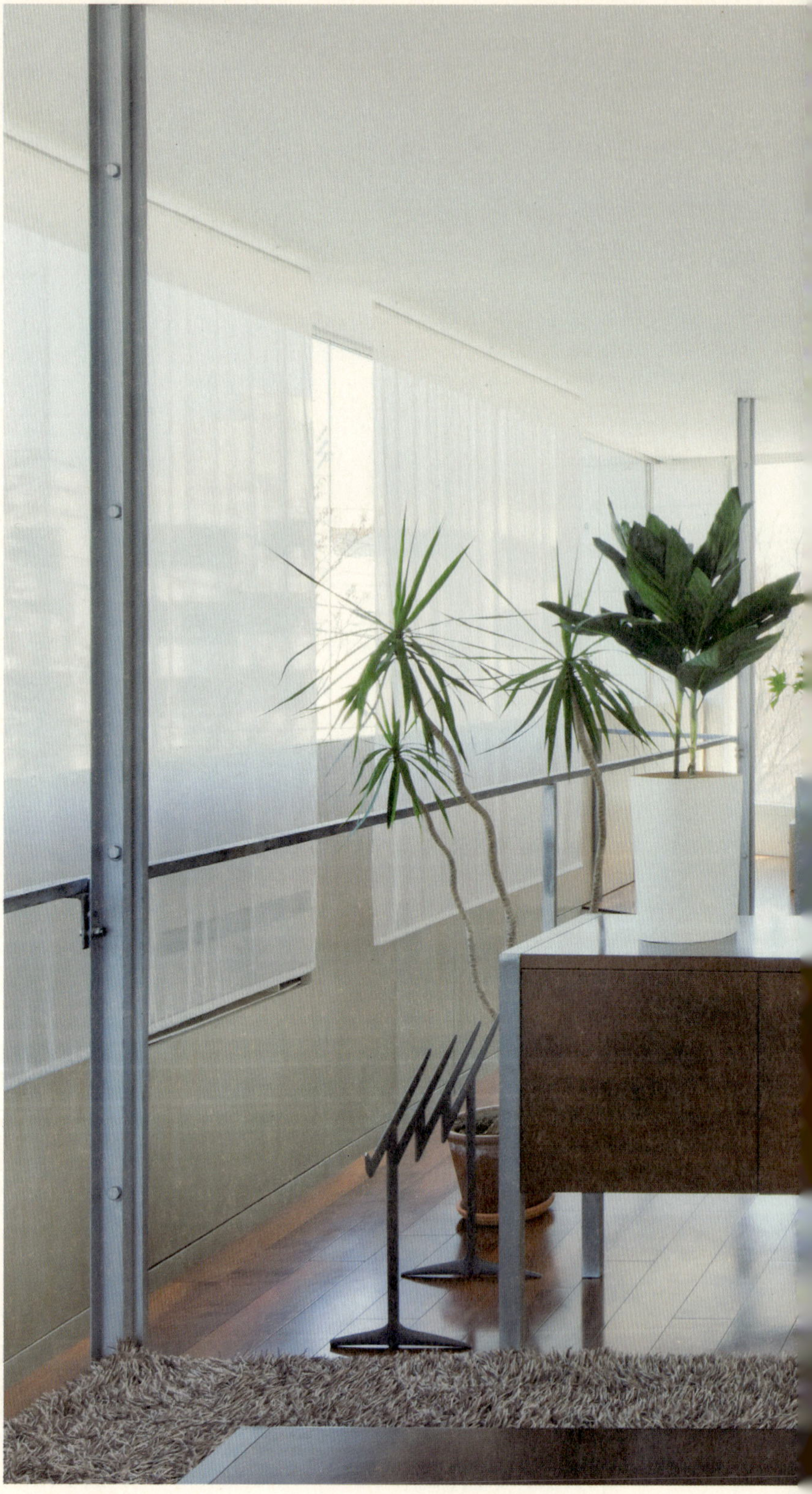

오시오 씨의 집

제멋대로 자라게 두어 자연의 힘을 느낀다

●● 대표적인 실내 화초가 거실을 장식하고 있는 오시오 씨의 집. 건축가인 오시오 씨에게 화초는 강한 자연의 힘을 느끼게 하는 창조력의 원천이다.

기실 **수납장** 위에 가지런히 놓인 화초들. 모양이 제각각인 화분이 지저분해 보이지 않도록 흰색 플라스틱 시트로 감쌌다.
테이블 위 / 테넬라야자, 산세베리아(2개), 쉐프렐라, 아레카야자

주방에서 바라본 거실의 모습. 정글을 연상시키는 모습이 거실에서 주방을 바라봤을 때와는 사뭇 다르다.
조리대 위 / 몬스테라 델리시오사, 산세베리아, 필로덴드론 비핀나티피둠

화초는 독선적인 사람이 되지 않도록
막아주는 존재

플라스틱 시트는 조금 두꺼워야
곧게 세울 수 있다.

원예용 가위. 수년간 사용해온
애용품이다.

건축가 오시오 씨의 집은 방문할 때마다 새로운 화분이 놓여 있다. 매주 단골 화원에 들러 제철을 맞이한 화초를 들이기 때문이다. 그러나 화초를 인테리어에 어울리게 배치하거나 특별한 관리를 하지는 않는다. 제멋대로 자라게 놔두는 것이 오시오 씨가 화초를 대하는 방법.

"화초도 자연의 일부니까 자연의 모습 그대로 두는 게 옳다고 생각합니다. 그리고 건축가와 인테리어 디자이너라는 제 직업상 생각을 자유롭게 형상화하는 데에 익숙해서 독선적인 세계관에 빠지기가 쉬워요. 이때 주변에 '제힘으로는 어떻게 할 수 없는' 자연과 같은 존재가

있으면 스스로를 경계하는 데 도움이 되지요. 자연의 강인함은 인간에게 필요한 디자인이 무엇인지 고민하는 데에도 꼭 필요한 존재입니다."

그렇기에 오시오 씨는 화초를 선정할 때에도 특별한 품종이나 형태를 고집하지 않는다. 유일하게 하는 일이라고는 화분을 플라스틱 시트로 둘러 지저분해 보이지 않게 하는 것.

'화초도 자연의 일부이므로 자연의 모습 그대로 두어야 한다'는 단순한 생각이 실내 화초와 마주하는 새로운 방법이 아닐까.

가스레인지 옆에서 화사하게 빛나는 '필로덴드론 비핀나티피둠'.

'올리브나무' 역시 집 근처에 있는 단골 화원에서 구입했다.

거실 테이블 위의 '테넬라야자'와 '산세베리아'가 멋스럽다.

04

Indoor Green
셀 프 재 배 편

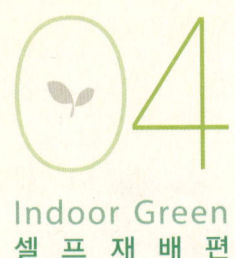

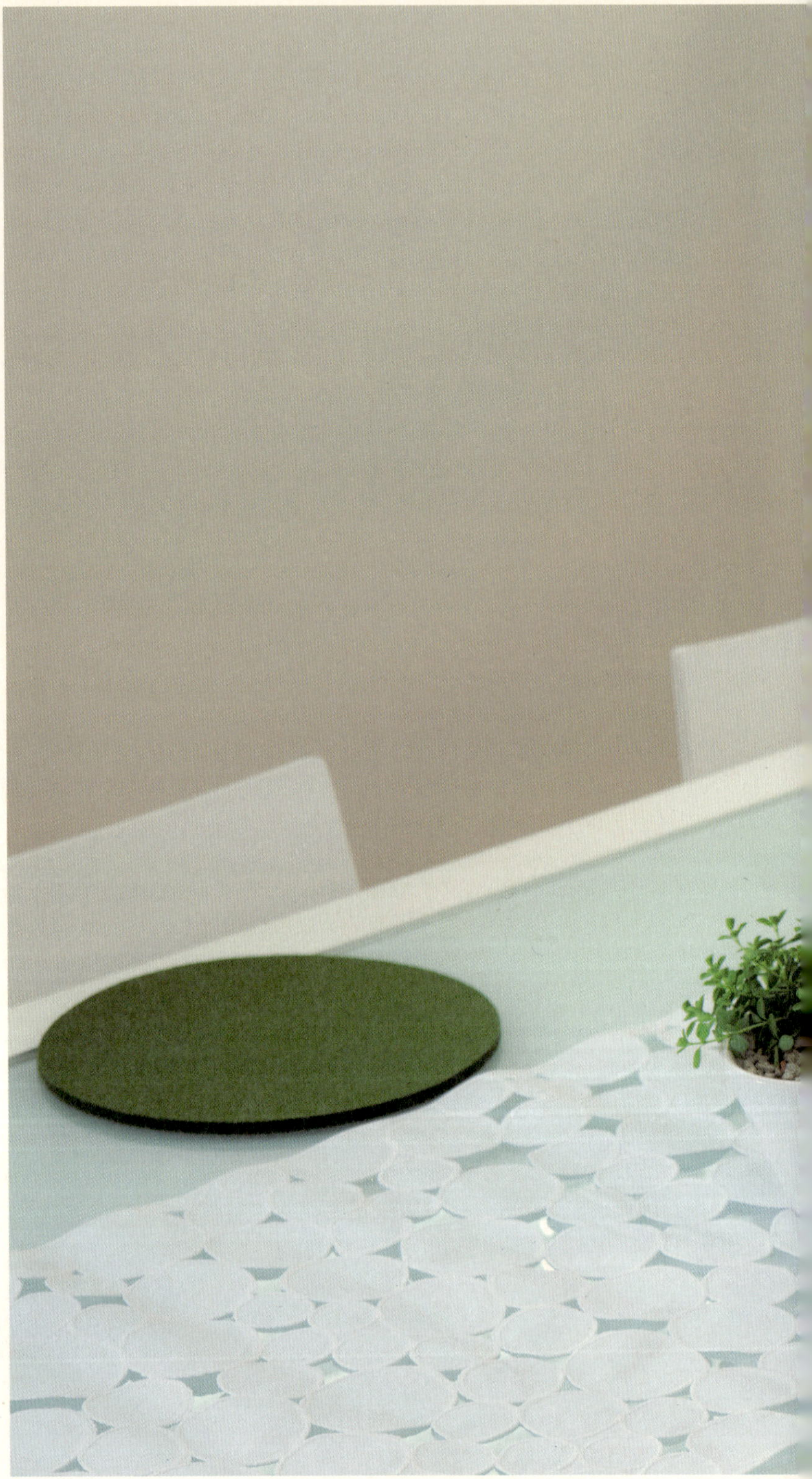

M 씨의 집

새로운 시도를 반복하며 실내 화초를 즐긴다

●● 조원가造園家인 M 씨는 요새 실내 화초 키우기에 푹 빠져 있다. 살아 있는 식물을 대한다는 즐거움도 있지만, 야외 조경과의 차이점을 배울 수 있어 더욱 즐겁다고.

두 가지 종류의 페페로미아를 모아심은 화분으로 테이블을 장식했다. 화이트 톤의 심플한 인테리어에 녹색 화초의 싱그러움이 한층 도드라진다.
페페로미아 앙굴라타＋페페로미아 데피나의 모아심기

끊임없는 관심과 도전이 화초를 자라게 한다

화이트 톤의 인테리어에 다양한 화초가 자라고 있는 M 씨의 집. M 씨는 가드닝 전문가이지만 실내 화초와는 성격이 달라 대부분은 실내 화초 전문가인 선배에게 조언을 구하고 있다.

"실온에서 키우는 화초는 일조량과 물 조절이 어려워요. 요령이 생길 때까지 계속 시도해야죠." 간혹 물을 너무 많이 줘서 뿌리를 썩게 하거나, 반대로 물을 너무 주지 않아 시들게 한 적도 있었다. 그러나 같은 실수를 반복하지 않기 위해 잘못된 사항을 확실히 기억하고, 가드닝에도 응용한다고 한다.

화초는 '원하는 대로 자라게 할 수 없다는 것'이 매력이다. 사람을 대할 때 상대방에 따라 말투나 행동을 달리해야 하는 것처럼 식물도 개체마다 자라는 환경에 맞춰 관리 방법을 달리해야 한다. 게다가 식물의 성장과 환경에 따라 새로운 도전도 필요하다. M 씨는 이러한 점이 식물을 키우는 재미라고 한다.

세심히 애정을 쏟은 만큼 싱그러움으로 보답하는 것이 화초이다. 끊임없이 도전하는 이러한 M 씨의 노력을 화초도 알고 있지 않을까?

사무실의 한쪽 벽면을 가득 채운 책장. 시험 삼아 키우는 화초도 있어 세심하게 관리하고 있다. 밝은 곳을 좋아하는 화초는 가끔 바깥에 내놓아 햇볕을 쬐어준다.

버들선인장

자미아

페페로미아 푸테올라타

가는잎선녀고사리

51

앙증맞은 크기의 '몬스테라 델리시오사'와 '디스키디아'가
책상을 밝힌다.

심플한 현관 주변에는 '필로덴드론 고엘디 펀번'을 두어
장식했다.

2층 테라스에는 '쉐프렐라 콤팩타'를 두었다. 경쾌한 분위기
의 화분 커버가 인상적이다.

신발장 겸 화초 재배용품을 정리하는 곳.
화초와 각종 도구가 이곳에서 자신의 순서
를 기다리고 있다.

53

화초에 관심이 생겼다면 재배에도 도전해보세요.
물 주기와 거름주기, 화분 옮겨심기 등의 기술은 기본!
화초를 이용한 인테리어 소품 만들기와 화초 재배를 위한
기초 지식, 채소 키우기 방법을 소개합니다.

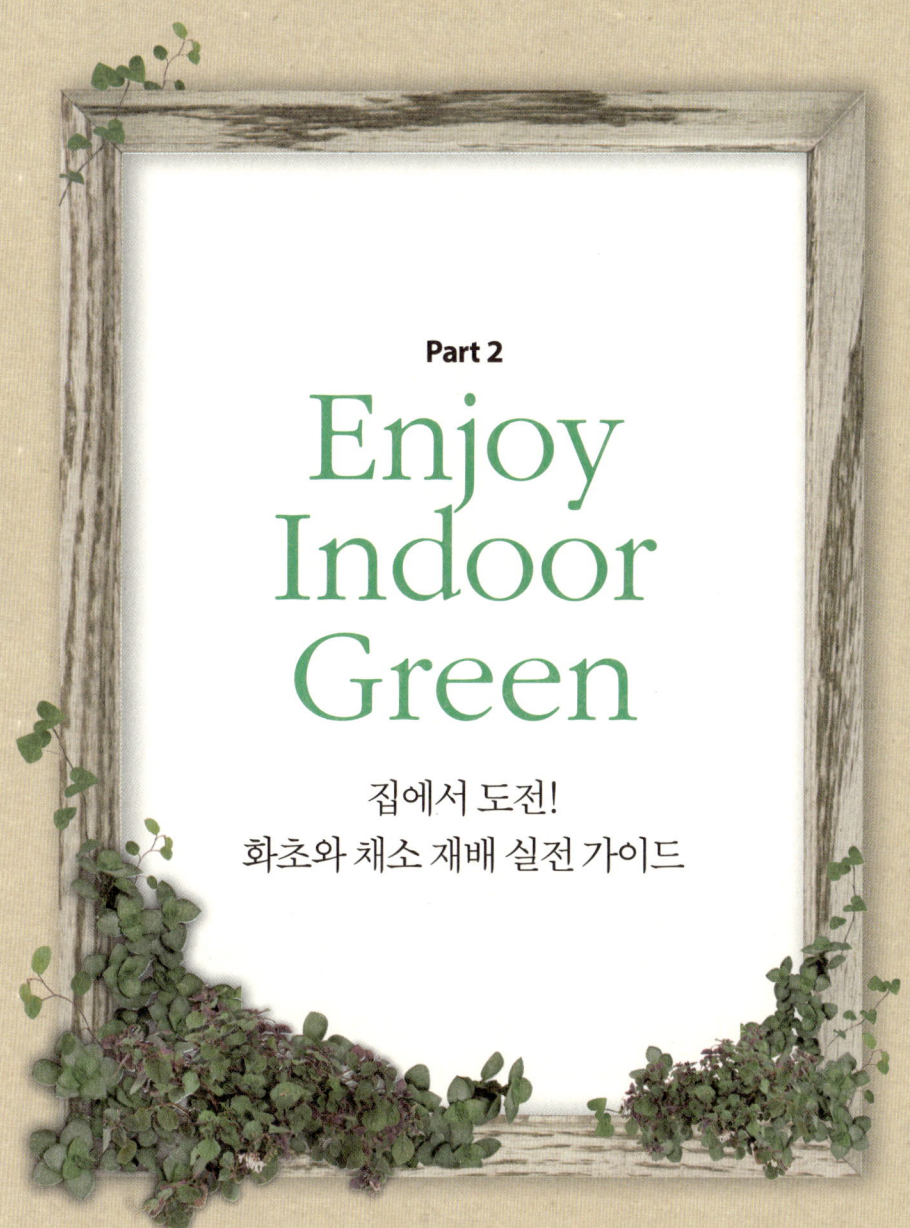

Part 2

Enjoy Indoor Green

집에서 도전!
화초와 채소 재배 실전 가이드

연필꽂이를 겸한 모아심기로 책상 위를 산뜻하게

화초를 모아심을 때 유리병이나 케이스를 함께 심어 산뜻한 연필꽂이를 만들어보자! 보기만 해도 기분이 좋아진다.
책상 위에 둘 예정이라면 다육식물처럼 건조함을 잘 견디는 화초가 좋다.
에케베리아+레인와르티 하워티아+콤팩툼 파키피툼의 모아심기

버들선인장+틸란드시아+디스키디아의 모아심기

산세베리아

헨리아나담쟁이+옥시카르디움 필로덴드론
+쉐프렐라의 모아심기

트리안, 담쟁이덩굴, 로즈메리

식물을 이용한 입체적 오브제가
벽면을 화려하게 수놓는다

식물을 이용해서 장식용 액자를 만들어보자. 좋아하는 그림이나 엽서와 함께
데커레이션하면 더욱 예쁘다. 밋밋한 벽면에 식물의 선명한 컬러와 음영이
입체감을 부여한다. (장식 액자 만드는 법 P60, 61)

귀여운
걸이화분을 단
새로운
풍경의 창가

작은 화초나 공중식물처럼
창가에 가벼운 식물을
매달아 늘어뜨리면 새로운
풍경이 완성된다.
작은 화초는 화분 아래에
뿌리썩음 방지제를 넣자.

녹영

트리안

수염 틸란드시아

슈가바인

페페로미아 앙굴라타

58

석엽으로 계절을 담은 편지를 쓰자

이메일이나 문자로 연락을 주고받는 요즘이지만 문득, 좋아하는 사람에게 편지를 쓰고 싶어질 때가 있다. 그럴 때는 편지지나 봉투에 계절을 알리는 석엽腊葉을 스티커처럼 사용해보자. 편지에 담은 아날로그적 감성이 상대방에게 고스란히 전해질 것이다.(석엽 스티커 만드는 법 P61)

담쟁이덩굴

초설마삭줄

화초를 이용한 인테리어 소품 만들기

작은 아이디어만으로도 근사한 인테리어 소품으로 변신!
화초를 이용한 장식 액자와 석엽 만드는 법을 소개한다.

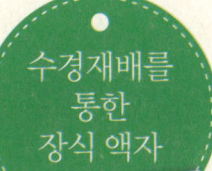

수경재배를 통한 장식 액자

벽에 걸거나 테이블 위에 올리면
멋진 인테리어 소품이 된다.

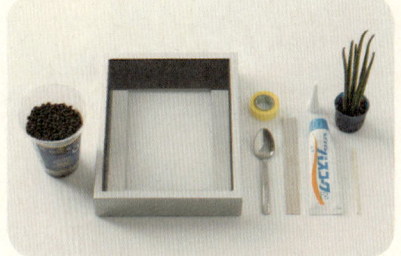

❶ 하이드로 볼(숯 포함), 방수가 되는 액자, 숟가락,
마스킹테이프, 코킹제, 꾸밀 식물을 준비한다.

❷ 물이 새지 않도록 액자 주변을 코킹제로 두른다.
이때, 미리 마스킹테이프를 붙여두면 코킹제가 삐져
나오는 것을 방지할 수 있다.

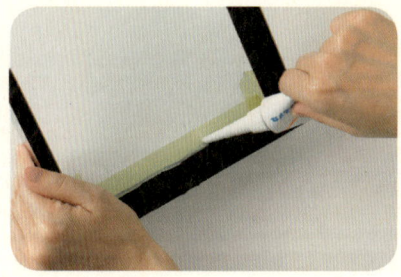

❸ 액자와 동일한 소재의 판을 식물의 뿌리 길이에 맞
춰 자른 후 코킹제로 액자 뒤에 덧대어 붙인다.

❹ 뒷면이 완성된 모습.

TIP

흙은 수경재배에 적합한 하이
드로 볼이나 세라미스를 사용
하고, 식물은 건조한 환경에
서 잘 자라는 식물을 키우는
것이 좋다.

❺ 하이드로 볼을 넣고 식물을 심어 완성한다. 양쪽
끝에서부터 심는 것이 요령이다.

작은 병을
이용한
장식 액자

미니어처 향수병을
사용해도 OK.

TIP

구멍이 너무 크면 눈에 띄기 쉬우므로 최대한 작게 뚫는다. 물을 갈거나 병을 씻고 싶을 때는 뒷면의 와이어를 풀기만 하면 된다.

❶ 액자, 삼베, 작은 병, 펜치, 수예용 와이어, 꾸밀 식물을 준비한다.

❷ 삼베나 종이를 최대한 팽팽히 당겨 액자 뒤판을 감싼다(사진에서는 삼베를 사용).

❸ 작은 병을 적당한 위치에 올려놓고 송곳으로 입구 좌우에 구멍을 하나씩 뚫는다. 그리고 수예용 와이어로 병의 입구를 두세 번 감은 다음 양옆의 구멍에 통과시킨다.

❹ 뒤쪽으로 나온 와이어를 잡아당긴 뒤, 와이어를 펜치로 여러 번 비틀어 고정시킨다. 그리고 병에 물을 넣고 준비한 식물의 잎이나 줄기를 넣어 꾸민다.

석엽 스티커

편지뿐만 아니라
책갈피로 사용해도 예쁘다.

TIP

스티커로 만들어 붙이면 퇴색도 방지할 수 있다.

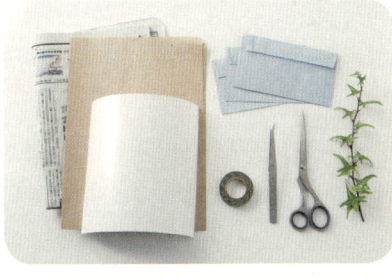

❶ 신문지, 누름돌, 종이, 시트지(투명), 마스킹테이프, 핀셋, 가위, 봉투, 꾸밀 식물을 준비한다.

❷ 잎을 따서 마스킹테이프를 이용해 종이에 겹치지 않게 붙인다.

❸ 2의 종이를 신문지 사이에 끼운 나음, 누름돌을 올려놓는다. 2~3주 정도 지나 수분이 적당히 빠지면 색이 거의 변하지 않는 '석엽'이 완성된다.

❹ 투명한 시트지에 완성된 석엽을 끼워 넣어 집칙면에 붙이고, 여백을 남겨 테두리를 자른다.

실내 화초 재배를 위한 디자인 제품

마음에 드는 디자인 제품을 사용하는 것도 실내 화초를 키우는 데 즐거움을 준다.
예쁘고 실용적인 기본 도구를 소개한다.

테라리엄

실내 화초나 허브 등을 일정한 온도와 습도에서
키우고 싶다면 테라리엄만큼 적당한 용기도 없다.
또한, 유리 케이스를 덮어두기만 해도 식물이 평
상시의 모습과 사뭇 달라 보이니 인테리어 효과로
도 만점! 통풍이 잘 안 되고 빛의 투과율이 낮을 수
있으니 어느 정도 습한 환경에도 잘 견디는 식물
을 선택하는 것이 좋다.

관리 도구

이왕이면 자주 쓰는 도구는 마음에 드는 예쁜 것으로 마련하면 좋다. 집을 비울 때 물을 주기 편한 관수 장치, 독특한 노즐의 물뿌리개, 염소 털로 만든 잎 청소용 브러시가 눈길을 끈다. 이 외에도 플라스틱 숟가락, 분무기 등도 취향대로 갖추자.

해충 퇴치 도구

실내에서 화초를 키울 때는 벌레가 꼬이지 않도록 특별히 주의해야 한다. 영양제로 식물의 면역력을 높여주는 것은 기본이며, 벌레가 생겼을 경우에는 해충 퇴치용 아로마를 이용하는 것도 방법이다. 혹시라도 주변에 벌레가 날아다닌다면 파리채로 탁?! 헝겊과 미술용 붓으로 털어주는 것도 좋다.

플랜터&플랜터 커버

실내 화초를 더욱 멋스럽게 만드는 각종 플랜터와 플랜터 커버도 마련하자. 저면급수가 가능한 화사한 색상의 플랜터와 종이와 천으로 만든 플랜터 커버 등 실내 인테리어와 잘 어울릴만 한 제품도 많다. 플랜터는 화분의 뿌리 크기에 맞게 준비하자. 크기가 표시되어 있으니 참고하면 된다.

실내 화초 재배의 기본 지식

실내 화초를 건강하고 아름답게 키우기 위해서는 애정을 가지고 꾸준히 관리하는 것이 기본이다.
실내 화초 키우기에 필요한 기본 지식과 방법을 알아보자.

흙　배양토와 세라미스를 달리 이용한다

화분의 바닥에 구멍이 뚫려 있다면 관엽식물용 배양토를 사용하면 되지만, 구멍이 뚫려 있지 않다면 세라미스와 같은 특수 토양을 사용하는 것이 좋다. 특수 토양은 위생적인데다가 수분을 잘 흡수하고 오래 머금고 있어 물을 주는 횟수를 줄일 수 있다.

물 주기　능숙해지려면 3년 이상은 걸린다

사실 화초를 키울 때 가장 어려운 일은 물 주기이다. '물 주기 3년'이라는 말이 있을 정도로 물 주기는 오랜 경험이 필요한 일이다.

화초를 처음 키울 때는 물을 매일 주어야 한다고 생각하기 쉬운데, 식물의 뿌리도 '숨을 쉬는 존재'라는 걸 잊지 말자. 물을 너무 많이 주면 뿌리도 질식해서 썩어버린다.

물은 보통 '흙 표면이 마르면 주는 것'이 기본이다. 일주일에 몇 번 주어야 한다는 말은 어디까지나 대략적인 기준일 뿐, 실제로는 흙을 만져봐서 말라 있으면 주는 것이 맞다. 흙의 마르기는 식물이 놓여 있는 장소나 계절에 따라 달라질 수 있으니 잘 관찰하도록 하자. 또한, 물을 흠뻑 주었을 때 화분의 무게를 기억해 두었다가 화분이 가벼워지면 주는 식의 요령도 터득

하는 게 좋다. 물을 주는 타이밍은 토양의 종류에 따라 다르다. 여기서는 배양토와 특수 토양인 세라미스에 대해 설명한다.

• 배양토일 경우

흙을 만져봤을 때 바싹 말라 있으면 준다. 물은 바닥의 구멍으로 흐를 만큼 한번에 듬뿍 주는 것이 기본이다. '횟수는 적게, 한 번 줄 때는 듬뿍' 주도록 하자.

• 세라미스일 경우

표면이 하얗게 마르기 시작하면 3일 후에 물을 용기의 1/4 정도 준다. 나무젓가락이나 수위계를 이용하면 더 정확하다.

▶ 일반적인 물의 양(배양토일 경우)

화분(4호 이하)
200㎖ 정도

화분(5~8호)
500㎖ 정도

화분(9호 이상)
1ℓ 정도

비료 주기 봄~가을에는 정기적으로

보통 실내 화초는 날씨가 따뜻한 5~9월 정도
가 생장기이다. 이 시기에 필요한 비료를 주면
줄기와 잎이 건강하게 자란다.

• 비료란 무엇인가?

비료란 토양 내에서 결핍되기 쉬운 양분을 인
위적으로 공급하는 영양 물질을 말한다. 그중
인산^P, 질소^N, 칼륨^{K}은 비료의 3요소로 식물의
생장에 관여하는 주요 물질이다.

'인산질 비료'는 인산을 주 성분으로 하는 비
료로 꽃과 열매를 맺게 하는 데 관여한다. 인산
이 부족하면 잎이 좁아지고 개화와 결실이 늦어
진다. '질소질 비료'는 질소를 주 성분으로 하는
비료이다. 뿌리와 줄기의 생장에 관여하는 비
료로 식물의 주요성분인 단백질을 구성하므로
부족하면 발육 상태가 나빠진다. '가리비질 비
료'는 칼륨을 주 성분으로 하는 비료로 면역력
을 기워주고, 뿌리와 세포 내 삼투압에 관여한
다. 부족하면 잎에 백화현상이 나타나고 잎의
끝부분이 말려 올라간다. 이 밖에도 마그네슘

이나 칼슘과 같은 미량 영양소가 부족해질 수도
있으니 때에 맞게 보충해주어야 한다.

• 비료의 종류

비료는 무척 다양한데, 크게는 한 가지 성분
으로만 이루어진 '단일비료(단비)'와 여러 가지
성분이 혼합된 '화성비료'로 나뉜다. 일반적으
로는 화성비료를 사용하는 게 편리하다.

또한 고형이나 분말형태의 '완효성비료'와 액
체형태의 '속효성비료(액비)'로도 나뉜다. 고형의
완효성비료는 토양에 올려두고 사용하는데, 물

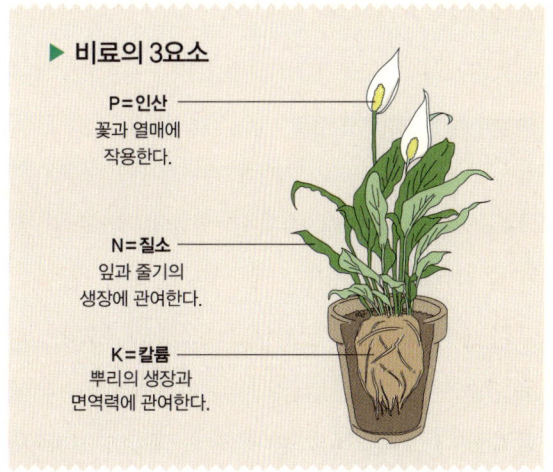

▶ 비료의 3요소

P=인산
꽃과 열매에
작용한다.

N=질소
잎과 줄기의
생장에 관여한다.

K=칼륨
뿌리의 생장과
면역력에 관여한다.

에 분해되면서 효과가 서서히 나타나는 특징이 있다. 속효성비료는 식물에 문제가 생겼을 때 사용한다. 액체이기 때문에 효과가 빠르며 제품에 따라 물에 희석해서 사용해야 하는 것도 있다.

• 비료를 주는 타이밍

비료를 너무 많이 주면 뿌리가 비료를 감당하지 못해 썩거나 말라버릴 수도 있다. 그러니 생장기인 봄~가을에 적당히 주고, 꽃을 피우거나 열매를 맺은 후 수고했다는 의미로 한 번씩 주도록 하자. 대략 10월부터는 휴지기休止期이니 이때는 비료를 주지 않는다. 주는 방법은 제품의 사용설명서를 꼼꼼히 읽은 후 알맞게 주도록 하자.

병충해 방지   해충 퇴치는 꾸준한 관리가 중요

화초는 통풍이 잘되지 않는 곳에 두거나 잎과 가지를 정리해주지 않으면 병충해를 입을 수 있다. 그러므로 자주 환기를 시키고, 잎에 물을 뿌리거나 닦아주자. 잎 뒷면을 꼼꼼히 살피는 것도 중요하다. 만약 해충이 생겼다면 헝겊이나 칫솔, 붓으로 벌레를 털어 제거하고, 살충제나 목초액을 뿌리도록 한다. 그러나 잎이나 가지, 줄기 등의 표면에 검은 그을음이 생긴 것처럼 곰팡이가 생기는 그을음병이나 뿌리와 식물의 윗부분이 썩는 무름병이 생겨버리면 완치가 어려워 전문가의 손길이 필요하다.

특히 깍지벌레, 잎진드기, 가루이처럼 식물의

> ▶ **대표적 해충**
>
> **깍지벌레** | 식물의 수액을 빨아먹으며, 수가 늘어나면 식물에 큰 타격을 입힌다. 투명한 실 모양의 분비물을 뿜어내어 잎을 끈끈하게 만들고 그을음병을 발생시킨다.
>
> **잎진드기** | 성충이 되면 적갈색으로 변하는 응애(거미강 진드기목의 해충)로, 잎 뒷면에 기생한다. 수액을 빨아먹어 그대로 두면 잎의 곳곳이 하얗게 변한다.
>
> **가루이** | 흰색의 작은 벌레로 잎이나 줄기를 흔들면 이리저리 날아다닌다. 그대로 두면 잎의 푸른색이 사라진다.

수액을 빨아먹는 흡즙성 해충은 작지만 번식력이 왕성해 단기간에 폭발적으로 증가한다. 그러므로 평소에 자주 관찰하며 조기에 발견하도록 하자. 조기 발견은 병충해 방지에 가장 효과적인 방법이다.

화초를 두는 장소   극단적인 환경은 피하자

화초를 키우기에 적합한 장소는 화초의 종류에 따라 다르지만, 뙤약볕 아래나 기온이 35℃ 이상인 장소, 반대로 기온이 영하이거나, 강한 에어컨 바람을 직접 받는 장소, 24시간 내내 어두운 장소 등 극단적인 환경은 피하도록 하자.

광합성은 식물의 본능이다. 그러므로 광합성을 하기 좋은 장소에 두고 애정을 쏟으면 식물도 그만큼 우리에게 보답한다는 사실을 잊지 말자. 식물 역시 살아 있는 생물이다.

눈에 잘 띄지는 않지만 관엽식물도 매일매일 자란다. 그러므로 구입한 지 2년 정도 지나면 분갈이를 해주자. 화분에 비해 화초가 너무 크면 뿌리가 밖으로 삐져나와 물을 흡수하지 못할 수 있다.

분갈이를 하는 시기는 생장기인 봄~가을 사이가 적합하며, 무더운 한여름은 피하는 것이 좋다. 배양토와 세라미스로 나누어 분갈이 방법을 소개한다.

▶ 배양토일 경우

준비물 | 분갈이할 화분, 배양토, 바닥돌, 그물망

화분 바닥에 그물망을 깔고, 바닥돌과 배양토를 넣는다. 깊이는 식물 뿌리의 1/3 정도.

기존의 화분에서 식물을 꺼내 나무젓가락 등을 이용해 뿌리가 상하지 않도록 가볍게 털어준다.

화분의 정중앙에 식물을 넣고 나무젓가락으로 배양토를 빈틈없이 채운다.

완성된 모습. 물은 화분의 구멍으로 흘러나올 때까지 충분히 주자. 1~2주 정도는 직사광선이 닿지 않는 방 안쪽에 두고, 다음번에 물을 줄 때는 비료도 함께 준다.

▶ 세라미스일 경우

준비물 | 분갈이할 화분, 세라미스, 뿌리부패 방지제(선택)

화분에 뿌리부패 방지제를 넣고(선택), 식물 뿌리의 1/3 정도까지 세라미스를 넣는다.

기존의 화분에서 식물을 꺼내 뿌리의 형태가 흐트러지지 않도록 옮겨 담는다. 배양토에서 자란 식물도 상관없다.

화분의 정중앙에 식물을 넣고 나무젓가락으로 세라미스를 빈틈없이 채운다.

화분의 1/3 ~ 1/4 정도까지 물을 준다. 1~2주 정도는 직사광선이 닿지 않는 방 안쪽에 두고, 다음번에 물을 줄 때는 비료도 함께 준다.

팔각련

피커스 페티올라리스

지은 지 60년이 지난 집에 살고 있는 스즈키 씨는 오히려 오래된 집 특유의
고풍스러움이 마음에 든다고 한다. 넓은 툇마루는 스즈키 씨의 작업 공간. 밖의 채
소밭에도 바로 나갈 수 있다.

68

신닝기아
레우코토리카

골고사리

자보티카바

스즈키 씨의 집

채소와 허브 재배로
즐기는 소박하고
정취 있는 삶

●● 집에서 다양한 채소를 키우는 생활 채소연구가 스즈키 씨. 그녀는 채소를 재배할 때 채소마다의 형태와 성질을 꼼꼼히 고려한다고 한다. 그래서 재배하는 동안에는 채소의 장식적인 요소를 즐기고, 재배한 후에는 식재료나 소품으로 활용하고 있다고. 이런 자연 친화적인 삶을 실천하고 있는 스즈키 씨를 통해 인테리어에 어울리는 채소와 허브의 종류와 재배 방법에 대해 알아보자.

둥근 좌식 테이블이 집의 분위기와 잘 어울린다. 허브티는 직접 키운 허브를 우린 것.

채소와 함께하는 생활을 연구하며 수확 이상의 기쁨을 누린다

스즈키 씨는 직접 채소를 재배하고, 이를 실생활에 접목시킬 수 있는 방안을 연구하는 '생활 채소 연구가'이다. 그녀에게 채소와 함께하는 생활은 연구한다는 건 어떤 의미일까?

스즈키 씨는 직접 채소를 재배해서 먹기도 하지만, 이를 염색제로도 사용한다. 그리고 허브는 비누나 입욕제, 방향제로 만들어 쓰기도 한다. 이렇게 실생활에 응용하면 수확의 기쁨은 배가 된다고.

"채소와 허브를 일상생활에서 활용할 수 있는 방안을 연구하고 현대의 라이프 스타일에 맞게 변화시키는 게 제 일이에요. 다양한 아이템을 개발해 많은 사람들이 채소에 흥미를 갖도록 하는 게 생활 채소연구가로서의 목적이죠."

스즈키 씨는 채소의 인테리어 기능에
대해서도 관심이 많다. 배양토와 주방
도구만을 이용한 채소 재배, 세라미스
를 이용한 허브 모아심기 등은 수확의
기쁨은 물론 인테리어 효과까지 톡톡히
주는 아이템. 전통 가옥의 멋이 느껴지
는 집 곳곳엔 소박하면서도 정성스러운
그녀의 손길이 고스란히 묻어 있다.

콜라비

래디시

방울토마토

앤티크 소파 옆에는 빨간 열매가 달린 '에티오피아
구스베리'를 두었다. 거실 인테리어의 포인트 .

스즈키 씨의 작업 공간에는 다양한 채소와 허브가 자
라고 있나. 흔히 볼 수 있는 주빙도구를 채소 재배에 이
용하는 것도 그녀의 장기. 소쿠리, 볼, 케이크 틀 등이
멋진 플랜터로 변신한다

화분 대신 양동이에 재배 중인 '겨자채'. 잎이 풍성해 관엽식물로도 즐길 수 있다.

소쿠리에 재배 중인 '샐러드 믹스'. 초보자도 쉽게 키울 수 있는데다 요리도 간편하다.

화분으로 옮겨질 날을 기다리고 있는 모종과 한창 재배 중인 채소. 제철을 맞이해 무성하게 자란 채소는 수확한 즉시 먹어야 싱싱함을 제대로 느낄 수 있다.

실내에서 키우기 좋은
채소와 허브

맛도 좋고 인테리어 효과까지 누릴 수 있는 채소와 허브를 엄선했다!
스즈키 씨가 추천하는 실내 재배용 채소와 허브를 살펴보자.

난이도 ★: 쉬움   ★★: 보통   ★★★: 어려움

실내 채소 재배를 위한 성공 비법!

최소 4시간 이상 햇볕을 쬐게 한다
햇빛이 잘 드는 장소로 화분을 옮겨가면서라도 최소 4시간 이상 직사광선을 쬐이게 하자. 어렵다면 양파나 생강처럼 음지에서도 잘 자라는 채소를 키우는 것이 낫다.

통풍도 중요하다
바람이 잘 통하지 않으면 벌레가 꼬이기 쉽다. 자주 환기를 시키고 잎을 솎아주자.

물의 양을 조절하자
싹이 트기 전까지는 흙 표면이 마르지 않도록 물을 자주 주고, 싹이 튼 후에는 흙 표면이 마를 때까지 기다렸다가 화분 밑으로 흐를 만큼 가득 주자. 이를 잘 구분해야 뿌리가 썩지 않고 잘 자란다.

웃거름을 잊지 말자
줄기와 잎이 잘 자라지 않거나, 열매가 제대로 여물지 않는다면 즉시 효과를 볼 수 있는 액체비료를 뿌려주자. 열매채소라면 한창 여물 시기에 고형비료를 뿌려주면 좋다.

식물의 상태를 자주 확인하자
무엇보다 식물을 자주 관찰하는 것이 중요하다. 병충해도 조기에 발견하면 막을 수 있다. 수확의 기쁨을 누리고 싶다면 식물에게 조금 더 시간을 할애하자.

스즈키 후키코
생활 채소연구가. 조원회사에서 농원과 정원의 기획 설계와 운영을 담당하다가 프리랜서로 독립했다. 강사와 상담사 등 여러 방면으로 활동하면서 채소와 함께하는 생활을 제안하고 있다.

래디시 ★★

씨앗 or 모종 | 씨앗(줄뿌리기(P81))
웃거름 | 필요 없음
수확 방법 | 뿌리의 지름이 약 2~3cm 정도일 때 수확한다.

특징 및 재배 방법 무와 비슷한 종류로, 생장이 빠르고 키우기 쉬운 뿌리채소이다. 햇볕이 잘 드는 곳에서 키우고, 5cm 간격으로 솎아낸다. 일년 내내 심을 수 있고 씨를 뿌린 지 30일 전후로 수확할 수 있다.

파슬리 ★

씨앗 or 모종 | 모종
웃거름 | 2주에 한 번 정도 액체비료를 준다.
수확 방법 | 키가 15cm 정도 자라면 바깥 잎부터 수확한다.

특징 및 재배 방법 비타민과 미네랄이 풍부한 허브로 꽃을 피우고 열매를 맺으면 시들어버리는 2년 초이다. 햇볕이 많이 들지 않는 곳에서도 키울 수 있고 통풍이 잘되도록 잎을 자주 솎아주면 오래간다.

플랙트란투스 앰보이니커스 ★

씨앗 or 모종 | 모종
웃거름 | 봄과 가을에 액체비료를 준다.
수확 방법 | 키가 15cm 정도 자라면 줄기 끝에 달린 잎을 손으로 뜯는다.

특징 및 재배 방법 다육식물과 비슷한 허브로 향이 산뜻해 허브티로 즐기기 좋다. 추위에 약하므로 햇볕이 잘 드는 곳에 두고 물은 적당히 준다.

민트 ★

씨앗 or 모종 | 모종
웃거름 | 봄과 가을에 액체비료를 준다.
수확 방법 | 키가 15cm 정도 자라면 줄기 끝에 달린 잎을 손으로 뜯는다.

특징 및 재배 방법 시원한 향이 특징으로 허브티나 시럽, 비누 등에 사용한다. 햇볕이 많이 들지 않는 곳에서도 잘 자란다. 잎이 무성해지면 통풍이 잘되도록 잎을 솎아 수확하고, 키가 자라기 시작하면 줄기를 10cm 정도 잘라준다.

레몬밤 ★

씨앗 or 모종 | 모종
웃거름 | 봄과 가을에 액체비료를 준다.
수확 방법 | 키가 15cm 정도 자라면 줄기 끝에 달린 잎을 손으로 뜯는다.

특징 및 재배 방법 레몬 향이 나는 허브로 허브티나 비누를 만들기 좋다. 잎이 무성해지면 통풍이 잘되도록 잎을 솎아 수확하고, 키가 자라면 줄기를 10cm 정도 잘라준다. 잎진드기가 생기지 않도록 주의하자.

콜라비 ★★★

씨앗 or 모종 | 씨앗(점 뿌리기(P81))
웃거름 | 줄기가 두꺼워지기 시작하면 액체비료를 준다.
수확 방법 | 열매의 지름이 6~7cm 정도가 되면 수확한다.

특징 및 재배 방법 양배추와 순무를 교배시킨 채소로 줄기가 통통해지는 모습이 무척 사랑스럽다. 지름이 15cm 이상인 화분에 씨앗을 3개 정도 심고 본잎이 5~6장 나왔을 때 솎아낸다. 열매가 자라면서 영양이 부족해질 수 있으므로 주의하자.

샐러드 믹스 ★

씨앗 or 모종 | 씨앗(흩어뿌리기(P81))
웃거름 | 수확을 시작하면 2주에 한 번 정도 액체비료를 준다.
수확 방법 | 솎아내면서 어린잎을 수확한다.

특징 및 재배 방법 샐러드용 잎채소를 혼합한 것으로, 키우기 쉬우므로 도전해보자. 잎이 무성해지면 바깥 잎부터 솎아내자. 통풍이 잘되어 오래간다. 진딧물이 생기지 않도록 주의한다.

방울토마토 ★★

씨앗 or 모종 | 모종
웃거름 | 열매가 열리기 시작하면 보카시비료(유기질 발효비료)를 뿌리고, 2주에 한 번씩 액체비료를 준다.
수확 방법 | 열매가 빨갛게 익으면 수확한다.

특징 및 재배 방법 잘 키우면 한 그루에서 50개 이상의 열매를 수확할 수 있다. 모종은 깊이가 20cm 이상인 화분에 심고 지지대를 세운 뒤, 볕이 매우 잘 드는 곳에 둔다.

씨앗, 어떻게 선택하고 보관할까?

집에서 소량으로 채소를 재배하려면 재래종 씨앗을 권한다. 일반 매장에서 파는 씨앗은 '하이브리드 품종'으로 한 번에 많은 양을 수확하기 위한 개량종이 대부분이다. 개량종은 채소의 생장 속도가 빠르고 일률적이며, 재래종보다 질기고 맛이 없다. 그러나 재래종은 성장 속도가 일정하지 않아 오히려 오래 수확할 수 있어 좋다. 또한, 될 수 있으면 소독을 하지 않은 유기농 씨앗을 고르자. 이러한 씨앗은 '무소독 종자' 또는 '이 씨앗은 농약을 사용하지 않음'과 같은 정보가 기재되어 있다.

그리고 씨앗을 심은 후 씨앗이 많이 남았다면 밀폐용기에 넣어 냉장고에 보관하면 된다. 유통기한이 표기되어 있지만 이는 발아율을 보증하는 기간일 뿐, 잘만 보관하면 3~4년간은 싹이 틀 수 있다. 지퍼백에 넣어 보관하는 것도 괜찮다.

집 안의 어디에서 키우면 좋을까?

채소마다 좋아하는 환경이 있다. 4시간 이상 직사광선이 내리쬐는 일조량이 풍부한 장소가 있다면 방울토마토나 오이, 피망이 좋다. 그리고 직사광선이 내리쬐진 않지만 밝고 따뜻한 공간이 있다면 모종을 심어 키우는 허브나 어린잎채소 등이 괜찮다. 살짝 서늘한 기후라면 튼튼한 잎상추를, 전혀 햇볕이 들지 않는 곳이라면 파드득나물을 키워보자. 맛과 향이 좋고 계속 수확할 수 있어 키우는 재미가 있는 식물이다.

참고로 집 안에서 키운다면 통풍에도 신경 써야 하는데, 도저히 바람이 들지 않는다면 선풍기를 이용하자. 하루 2시간 정도라도 선풍기 바람을 쐬어주면 줄기가 굵어지는 것을 볼 수 있다.

채소의 끄트머리를 잘라 키울 수도 있다!

씨앗이나 모종을 구해 재배하는 것이 귀찮다면 음식을 하다 남은 채소의 뿌리나 싹이 난 채소의 끄트머리를 잘라 키워보자. 무와 당근은 싹이 잘 나는 채소이다. 너무 오래 보관해 싹이 길게 났다면 끄트머리만 잘라서 접시에 물을 받은 뒤 넣어두면 된다. 무청은 무보다 비타민이 풍부하므로 잘라서 요리에 사용하면 좋다. 당근도 잎을 수확해 먹을 수 있다. 그리고 대파나 쪽파는 뿌리 부분을 잘라 흙에 심으면 파란 대가 쑥쑥 올라오는 것을 볼 수 있으며, 감자나 양파도 수경재배로 손쉽게 키울 수 있다.

실내 채소 재배를 위한 디자인 제품

실내 채소 재배가 유행하면서 다양한 아이디어 제품이 출시되고 있다.
넓은 면적에 채소밭을 만든 사례와 예쁘면서도 실용적인 상품을 모아보았다.

빌딩에 실내 채소밭을 만든
파소나 어반 팜

소재지 | 도쿄 오테마치

종합인재서비스회사 파소나 그룹이 운영하는 '파소나 어반 팜Pasona Urban Farm'은 도쿄에 위치한 오피스 빌딩으로, 빌딩 전체를 논과 밭으로 꾸민 독특한 건물이다. 기본적으로는 직원을 위한 사무실로 쓰이지만, 1층에 있는 논과 채소밭, 꽃밭 그리고 2층에 있는 미팅룸은 일반인도 자유롭게 견학할 수 있다. 수경재배되는 채소와 실내 인테리어가 조화로우면서도 독특하다.

모내기와 벼 베기 같은 깜짝 이벤트 이외에도 먹을거리와 농사, 환경을 주제로 한 패션쇼와 후원행사도 열린다.

실내에 마련된 논. 일 년에 세 번 수확할 수 있다.

미팅룸. 관수장치가 달린 식물로 파티션을 꾸몄다.

회의실. 수경재배된 토마토가 익어가는 모습이 보인다.

장미와 낙엽수가
빌딩 전체를 덮고 있는 모습.

내수지 컨테이너

내수지로 만든 이 컨테이너에는 채소 재배에 필요한 재료가 모두 들어 있어 별도로 재료를 준비할 필요가 없다. 내추럴한 스타일의 앤티크 우드 프린트도 매력!

가방형 플랜터

실내에서 열매채소를 키우고 싶다면 내추럴한 분위기의 가방형 플랜터도 편하다. 가방 안쪽에 용기가 두 겹으로 되어 있고, 아랫단이 받침대 역할을 해 물이 샐 염려가 없다.

수기경재배 키트

수중 펌프로 물을 순환시켜 키우는 '수기경재배水氣耕栽培(배양액을 뿌리에 직접 뿌려 키우는 방법)' 키트로 허브를 건강하게 키울 수 있다. 사이즈가 작아서 인테리어 소품으로 딱! 시중에 판매되는 잎채소나 허브를 키우기에 좋다.

수경재배 시스템

하분 한 개에서 20그루 이상의 식물을 입체 재배할 수 있는 수경재배 시스템. 펌프를 이용해 물을 주므로 장기간 집을 비워도 안심할 수 있다. 채소를 모아심거나 유기비료를 사용할 수도 있으며, 병충해를 잘 입지 않아 안전하다.

실내 채소 재배의 기본 지식

집에서 흔히 사용하는 생활도구와 간단한 재료로
나만의 작은 실내 채소밭을 꾸며보자.

기본 도구

▶ 파종에 필요한 도구

화분에 빈틈없이 흙을 담기 위한 막대기, 흙이 쏟
아지는 것을 방지하는 삼베, 흙을 파기 위한 소형
꽃삽과 모종삽, 이름표, 지푸라기 등이 필요하다.
지푸라기는 흙이 건조해지는 것을 막고 각종 토양
병해를 방지한다.

막대기 / 삼베 / 소형 꽃삽
모종삽
지푸라기 / 이름표

▲ 그릇

소쿠리나 볼 등 흔히 쓰는 주방도구
를 활용하자. 잎채소는 얕은 화분,
열매채소는 깊은 화분이 좋고, 채소
는 바닥에 구멍이 뚫린 용기, 허브는
구멍이 뚫리지 않은 용기가 좋다.

▼ 토양과 비료

채소는 완전히 숙성된 배양토, 허브는 세라미스
를 사용한다. 또한 액체비료는 즉각적인 효과를
나타내고 고형비료는 서서히 효과를 나타내므
로 구분해서 사용하자. 숯은 뿌리가 썩는 걸 방
지한다.

세라미스 전용
액체비료
액체비료
고형비료
세라미스
배양토
숯

▼ 씨앗과 모종

육묘기간이 긴 토마토나 파슬리는
모종을 구입해서 키우는 것이 좋다.
모종은 잎이 무성하고 튼튼한 것을
고르자. 모종을 심는 요령이 어느
정도 생겼다면 씨뿌리기 단계부터
시작해보는 것도 좋다.

물뿌리개
노끈

▶ 관리에 필요한 도구

마개에 촘촘하게 구멍이 뚫려 있는 물뿌리
개는 실내용 채소 재배에 적합하고, 분무
기는 물이나 병충해 방지제를 담아 사용하
면 편리하다. 지지대와 노끈, 전지가위도
준비하자.

전지가위
분무기
지지대

흙과 씨앗 준비하기

소쿠리에 삼베를 깐다.

숯을 담는다.

씨앗을 준비한다.

용기의 80% 정도를
흙으로 채운다.

씨뿌리기 방법

줄뿌리기
손가락으로 고랑을 판 다음,
고랑 안에 씨를 뿌리고
흙을 얇게 덮는다.

점 뿌리기
손가락으로 흙을 눌러 구멍을
판 다음, 구멍 안에
씨를 뿌리고 흙을 얇게 덮는다.

흩어뿌리기
씨앗과 흙을 골고루 섞은 후
흩어서 뿌린다.

토양피복과 물 주기
씨를 뿌린 뒤
지푸라기를 잘라서 덮고,
물을 화분 밑으로
새어나올 만큼 넉넉히 준다.

모종 옮겨심기

화분에 바닥이 보이지 않을 정도로
세라미스를 담고
모종의 흙을 털어 화분에 넣는다.

작은 꽃삽으로 세라미스를
80% 정도 담는다.

빈틈이 생기지 않도록 막대기로
세라미스를 정리한다.

세라미스가 촉촉하게 젖을 정도로
물을 주고, 화분을 기울여
여분의 물을 흘려보낸다.

일본에서 가장 큰 플라워 숍인 아오야마 플라워 마켓이
선정한 인테리어용 실내 화초 55종을 소개합니다.
보기에도 예쁘지만, 상업시설과 같은 혹독한 환경 속에서도
튼튼하게 잘 자라는 화초 위주로 선정했습니다.

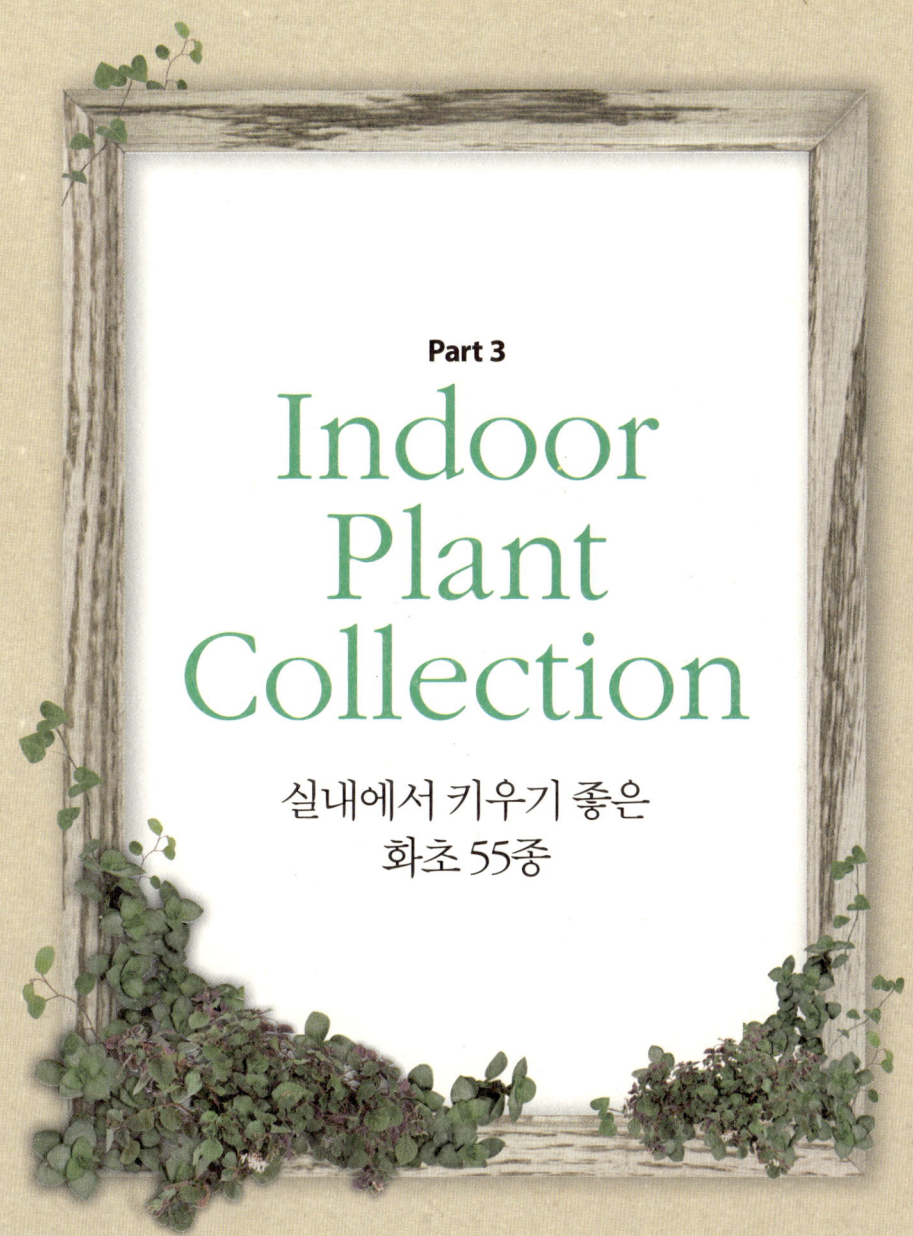

Part 3

Indoor
Plant
Collection

실내에서 키우기 좋은
화초 55종

직사광선이 비치는
일조량이 많은 장소

선인장이나 다육식물은 햇볕이 강하게 내리쬐는 장소에 두자.
그래야 줄기도 굵어지고 생장도 빠르다.

※식물은 적합한 생육 장소에 따라 크게 네 가지로 나누었으며, 이를 참고해 적합한 장소에 두도록 하자.

사진과 같이 남향의 직사광선이 비치는 밝은 장소에서 잘 자라는 화초를 소개한다.
그러나 한여름의 너무 강한 햇살은 잎을 마르게 하므로 레이스 커튼 등을 쳐주자.

트리안

학명 | *Muehlenbeckia complexa*
이명 | 무엘렌베키아 콤플렉사
과명 · 속명 | 마디풀과 무엘렌베키아속
특징 | 상록 덩굴성 관상용 식물
원산지 | 뉴질랜드

동그랗고 자잘한 잎이 귀여워 인기가 많다. 추위를 잘 견뎌 일 년 내내 야외에 두어도 잘 자란다. 모아심기나 지피식물(땅을 뒤덮으며 자라는 식물의 총칭)로 키울 수 있어 가드닝에 많이 쓰인다.

생육 범위 ☀

물 주기
흙 표면이 마르면
준다.

내한온도
0℃ 이상

관리 포인트
겨울철에는 물을 조금
적게 주고 대신 잎에
물을 자주 뿌린다.

제로시치오스 당구이

학명 | *Xerosicyos danguyi*
이명 | 녹태고
과명 · 속명 | 박과 벽뢰고속
특징 | 상록 다년생 덩굴성 다육식물
원산지 | 마다가스카르

동그란 다육질 잎이 녹색 북처럼 생겨 '녹태고'라고도 불린다. 유통량이 적어 희귀종에 속하며 인기가 많다. 가늘고 단단한 줄기가 다른 나무를 말아 올라가 며 자란다. 꺾꽂이로 번식시킬 수 있다.

생육 범위 ☀

물 주기
한 달에 0~1회 정도
(겨울철에는 거의 주지 않는다).

내한온도
2~3℃ 이상

관리 포인트
습도가 높은 것을 싫어하므로 물은 적게 주고 햇볕을 자주 쬐어준다.

레인와르티 하워티아

학명 | *Haworthia reinwardtii*
이명 | 월동자
과명 · 속명 | 백합과 하워티아속
특징 | 상록 다년생 다육식물
원산지 | 남아프리카

하워티아속은 크게 잎이 부드러운 '연엽 계'와 잎이 딱딱한 '경엽계'로 나뉜다. 사 진 속 '레인와르티 하워티아'는 경엽계 로 날렵한 인상에 짙은 녹색 잎과 흰색 줄무늬가 선명한 대조를 이루고 있다. 일조량과 물의 양에 따라 잎에 붉은 기 가 돌기도 한다.

생육 범위 ☀ ▢

물 주기
한 달에 1~2회 정도
(한여름과 한겨울에는 거의 주지 않는다).

내한온도
5℃ 이상

관리 포인트
직사광선에서도 잘 자 라지만 여름철에는 커 튼을 쳐 보호하고, 고온 다습한 환경도 피한다.

산세베리아 파텐스

학명 | *Sansevieria patens*
과명 · 속명 | 용설란과 산세베리아속
특징 | 상록다년초
원산지 | 열대 및 아열대 아프리카 등

산세베리아 중에서도 잎이 두툼하고 단단한 품종이다. 건조한 지역에서 자라는 식물이므로 물을 적게 주자. 산세베리아는 품종마다 형태와 무늬의 패턴이 다른 것이 특징인데, 공기청정용으로 흔히 들이는 품종은 '산세베리아 콤팩타 *Sansevieria tnifasciata Laurentii 'Compacta''*로 호랑이꼬리라는 별칭이 있는 품종이다.

생육 범위 ☀ ▥

물 주기
한 달에 1회 정도.

내한온도
10℃ 이상

관리 포인트
습도가 높은 것을 싫어하므로 물을 적게 준다. 겨울철에 물을 아예 주지 않으면 생장이 멈추는 특징이 있다.

녹영

학명 | *Senecio rowleyanus*
이명 | 콩선인장, 진주 목걸이, 콩란, 염주덩굴, 줄초록구슬
과명 · 속명 | 국화과 금방망이속
특징 | 상록 다년생 덩굴성 다육식물
원산지 | 남아프리카

콩처럼 생긴 잎이 알알이 엮여 늘어진 모양의 화초로 외관이 독특해 별명도 많다. 밝은 곳을 좋아하지만, 여름철 강한 햇살에는 약하므로 주의해야 한다. 겨울에 흰색의 작은 꽃을 피우며, 꺾꽂이로 손쉽게 번식시킬 수 있다.

생육 범위 ☀ ▣

물 주기
한 달에 1~2회 정도(겨울철에는 거의 주지 않는다).

내한온도
2℃ 이상

개화시기
겨울

관리 포인트
햇볕이 잘 들고 통풍이 잘되는 곳에 둔다.

소키알리스 레데보우리아

학명 | *Ledebouria socialis*
이명 | 실라비올라케아, 비올라쉬, 실라
과명 · 속명 | 백합과 레데보우리아속
특징 | 다년초/알뿌리
원산지 | 아프리카 남부

알뿌리에 물을 저장하는 다육식물로 독특한 모양의 잎과 작은 꽃이 매력이다. 알뿌리나누기(분구)를 하며 자라는 독특한 성질 때문에 키우는 재미가 있다.

생육 범위 ☀

물 주기
20일에 1회 정도.

내한온도
5℃ 이상

개화시기
5~7월

관리 포인트
흙 표면을 살짝 건조한 상태로 유지한다. 겨울철에는 실내에 들여놓자.

그리피티물푸레

학명 | *Fraxinus griffithii*
과명 · 속명 | 물푸레나뭇과 물푸레나무속
원산지 | 오키나와~인도

바람이 불 때마다 가지에 촘촘히 나 있
는 작은 잎이 푸른 물결을 일으키는 싱
그러운 분위기의 화초이다. 성목은 15m
정도까지 자라며 야외에서도 겨울을 날
만큼 튼튼하다. 햇볕이 잘 드는 곳에서
키우면 6~7월경에 작은 꽃을 피우기도
한다.

생육 범위 ☀ ▥

물 주기
흙 표면이 마르면
준다.

내한온도
2~3℃ 이상

관리 포인트
햇볕이 잘 드는 곳에
두면 튼튼하게 잘 자
란다.

리톱스

학명 | *Lithops*
이명 | 생석화
과명 · 속명 | 석류풀과 리톱스속
특징 | 상록 다년생 다육식물
원산지 | 남아프리카

아프리카의 건조한 땅에서 자생한다. 주
변의 돌이나 모래에 동화해 동물로부터
몸을 보호하는 독특한 성질 때문에 서양
에서는 '살아있는 돌*Living Stones*'이라 불
리기도 한다. 가을철에 줄기를 중심으로
소국 같은 꽃을 피운다. 사진 속 리톱스
의 품종은 '영옥榮玉'.

생육 범위 ☀ ▥

물 주기
한 달에 1회 정도
(여름에는 거의
주지 않는다).

내한온도
5℃ 이상

개화시기
9~11월

관리 포인트
가을~봄에는 햇살이
풍부하고 통풍이 잘
되는 곳에 둔다.

부드러운 햇살이 드는
따뜻한 장소

실내 화초의 원산지는 대부분 열대·아열대 기후의 정글로
고목나무의 그늘 아래에 터 잡고 사는 잡초나 중저목이 많다.
그래서 부드러운 햇살이 드는 따뜻한 장소를 좋아하는 경우가 대다수이다.

※식물은 적합한 생육 장소에 따라 크게 네 가지로 나누었으며, 이를 참고해 적합한 장소에 두도록 하자.

사진과 같이 직사광선이 비치지 않으면서도 매우 밝은 곳을 말한다.
이런 장소는 대부분의 실내 화초가 좋아하는 장소.
앞서 소개한 강한 햇살을 좋아하는 화초도 여름철에는 이곳으로 옮겨주는 게 좋다.

마르기나타드라세나

학명 | *Dracaena marginata*
이명 | 드라세나마르지나, 마르지나
과명·속명 | 용설란과 드라세나속
특징 | 상록 저목
원산지 | 마다가스카르

실내에서도 잘 자라 관상용으로 인기가 많다.
가지가 오래되면 새로운 가지가 갈라져 나오는
데다 이를 꺾어 분재처럼 만들 수도 있어 다양
한 재미를 느낄 수 있다.

생육 범위 ☀ ▥

물 주기
흙 표면이 마르면
듬뿍 준다.

내한온도
10℃ 이상

관리 포인트
생장기인 봄~여름에
는 물을 넉넉하게 준
다. 물이 부족하면 잎
이 늘어진다.

얼룩자주달개비

학명 | *Zebrina pendula*
과명·속명 | 닭의장풀과 자주달개비속
특징 | 상록 덩굴성 다년초
원산지 | 남아메리카

학명은 영국의 국왕 찰스 1세의 정원사였던 존 트레이즈캔트John Tradescant의 이름을 땄다. 잎의 선명한 줄무늬가 특징으로 와이어걸이 화분에 잘 어울리며, 줄기를 물에 담그면 뿌리가 나올 만큼 생명력이 강하다. 품종에 따라 줄무늬가 없는 것도 있다.

생육 범위 🔲📗

물 주기
흙 표면이 마르면 듬뿍 준다.

내한온도
5℃ 이상

관리 포인트
분무기 등을 이용해 공기 중의 습도를 높이고, 흙은 다소 건조하게 유지한다. 그늘진 환경도 잘 견디지만 웃자랄 수 있으므로 주의한다.

안투리움 안드레아넘

학명 | *Anthurium andreanum*
과명·속명 | 천남성과 안투리움속
특징 | 상록 다년초
원산지 | 콜롬비아, 에콰도르

잎과 포苞(꽃처럼 모양이 변한 잎)에 관상 가치가 있다. 찬바람이 불지 않는 따뜻한 장소에서 키우면 겨울철에도 꽃을 피운다. 사진 속 품종은 '화이트 챔피언*white champion*'. 안투리움 안드레아넘의 대표적 품종으로 포의 색상이 다양해 꽃꽂이에 많이 쓰인다.

생육 범위 🔲📗

물 주기
흙 표면이 마르면 듬뿍 준다.

내한온도
5℃ 이상

관리 포인트
흙은 다소 건조하게 유지하고 고온다습한 환경을 좋아하므로 분무기로 공기 중의 습도를 높이자.

독구리란

학명 | *Beaucarnea recurvata*
이명 | 덕구리란, 술병란, 포니테일
과명 · 속명 | 백합과 베아우카르네아속
특징 | 상록 소고목
원산지 | 멕시코

비대해진 줄기의 끝부분에서 가는 잎이 늘어지며 뻗어나가는 모습이 인상적인 화초이다. 줄기의 생김새가 술병을 닮아 '술병란'이라고도 불리며, 일본에서 도쿠리(술을 덜어 마시는 그릇의 일종)를 닮아 '도쿠리란'이라고 불린 것이 유래되었다.

생육 범위 ☀ 🔲

물 주기
한 달에 1회 정도(장마철과 겨울철에는 거의 주지 않는다).

내한온도
2~3℃ 이상

관리 포인트
볼록한 줄기는 물을 저장해 두는 곳이다. 그러므로 물은 항상 모자른 듯하게 주는 게 좋다.

좁은잎 극락조화

학명 | *Strelitzia juncea*
과명 · 속명 | 파초과 스트렐리치아속
특징 | 상록 다년초
원산지 | 남아프리카

'극락조화'보다 더욱 건조한 지대에 분포하는 품종이다. 건조한 환경에 적응하기 위해 잎이 좁아진 것으로 추정되며, 광합성이 활발하지 못해 생장이 느리다. 해를 거듭할수록 잎이 작고 난련한 인상을 주는 것이 특징이다.

생육 범위 ☀ 🔲

물 주기
흙 표면이 마른 뒤 며칠 지나서 준다.

내한온도
5℃ 이상

관리 포인트
추위를 잘 견디는 식물이지만 되도록 따뜻하고 햇살이 잘 비추는 곳에서 키우는 것이 좋다. 물을 많이 주는 건 금물.

크라시폴리아고무

학명 | *Ficus microcarpa*
이명 | 대만고무나무, 인삼판다
과명 · 속명 | 뽕나뭇과 무화과나무속
특징 | 상록 고목
원산지 | 동남아시아 아열대 지역

줄기가 인삼 모양을 하고 있어 시중에는 '인삼판다'로 더 잘 알려져 있다. 음지에서도 잘 자라지만 웃자랄 수 있어 주의가 필요하다. 100년이 넘은 거목도 있어 일본에서는 신령이 깃드는 나무로 여겨진다.

생육 범위 ☀ ▦

물 주기
흙 표면이 마르면 준다.

내한온도
5℃ 이상

관리 포인트
봄~가을까지는 야외에서 키우자. 잎이 더 싱그러워진다.

도깨비쇠고비

학명 | *Cyrtomium falcatum*
과명 · 속명 | 면마과 쇠고비속
특징 | 상록 다년초
원산지 | 한국(제주도, 울릉도 일대), 일본, 중국 등

윤기가 흐르는 뾰족한 삼각형 모양의 잎이 매력이다. 건조함과 추위, 더위에 무척 강하며, 생장은 느리지만 그만큼 수형이 흐트러지지 않는다.

생육 범위 ▦ ◪ ▨

물 주기
10일에 1회 정도.

내한온도
0℃ 이상

관리 포인트
배수가 잘되는 흙에 심고, 물이 고이지 않도록 관리한다.

아스파라거스 마코와니

학명 | *Asparagus macowanii*
과명 · 속명 | 백합과 아스파라거스속
특징 | 상록 저목
원산지 | 남아프리카

식용 아스파라거스의 사촌 격으로 1~2m까지도 자란다. 줄기 곳
곳에 작은 가시가 있으며, 잎처럼 보이는 부분은 잎과 줄기를 연
결하는 잎 꼭지가 변형된 것이다. 건조한 기후에 비교적 강하다.

생육 범위 ⬜🔲

물 주기
7~12일에 1회 정도.

내한온도
5℃ 이상

관리 포인트
잎에 물을 주면 윤기가 흐른
다. 봄~가을에는 한 달에 한
번씩 액체비료를 준다.

필레아 글라우카

학명 | *Pilea* 'Glauca Greizy'
이명 | 타라
과명 · 속명 | 쐐기풀과 필레아속
특징 | 상록 다년초
원산지 | 베트남 등

종이 매우 많은 화초 가운데 하
나로 길게 뻗은 가는 줄기에서
작고 둥근 잎이 무성하게 난다.
내음성이 있어서 직사광선만
피하면 장소에 상관없이 잘 자
란다.

생육 범위 ⬜🔲

물 주기
흙 표면이 마르면
준다.

내한온도
5℃ 이상

관리 포인트
건조한 기후에 약하
므로 여름철에 물이
마르지 않도록 세심
히 관리한다.

미디 팔레놉시스

학명 | *Phalaenopsis sp.*
과명 · 속명 | 난과 팔레놉시스속
특징 | 상록 다년초
원산지 | 히말라야, 인도, 대만 등

관리만 잘하면 2~3개월 동안 꽃을 감상할 수 있다. 꽃이 크고 아름다워서 선물용으로 인기가 많다.

생육 범위 🪟 🪟

물 주기
물이끼가 마르면 듬뿍 준다.

내한온도
15℃ 이상

개화시기
2~5월

관리 포인트
15~25℃ 정도를 좋아하므로 온도 관리에 신경 쓰자. 통풍도 중요하다.

페페로미아 제이드

학명 | *Peperomia Jayde*
과명 · 속명 | 후추과 페페로미아속
특징 | 상록 다년초
원산지 | 브라질 등

매끄럽고 둥근 다육질의 잎에 수분을 저장할 수 있어 건조한 기후나 환경에 강하다. 물을 너무 많이 주거나 직사광선에 잎이 마르지 않도록 주의하자.

생육 범위 🪟 🪟

물 주기
흙 표면이 마르면 준다.

내한온도
5℃ 이상

관리 포인트
키 작은 줄기가 여러 겹 나는 식물은 통풍이 되지 않으면 벌레가 생기기 쉽다. 통풍에 주의하고 잎에는 물을 주지 말자.

드라세나 팔라우

학명 | *Dracaena sp.*
과명 · 속명 | 용설란과 드라세나속
특징 | 상록 고목
원산지 | 팔라우제도

드라세나의 일종으로 2,000년을 산다고 알려져 있어 팔라우제도에서는 집 마당에 장수를 기원하는 의미로 심는다. 드라세나속의 식물 중에서도 크게 자라는 품종이며 희귀한 편에 속한다. 내한성과 내음성이 뛰어나 장소를 가리지 않고 잘 자란다.

생육 범위

물 주기
흙 표면이 마르면 준다.

내한온도
5℃ 이상

관리 포인트
희귀종이므로 관리에 신경 쓰자. 생장기인 봄~여름에는 잎에 물을 주고, 겨울철에는 다소 건조하게 관리한다.

호말로메나 루베센스

학명 | *Homalomena rubescens*
과명 · 속명 | 천남성과 호말로메나속
특징 | 상록 다년초
원산지 | 히말라야 저지대 ~ 방글라데시, 인도네시아

잎과 줄기에 감도는 불그스름한 빛깔과 규칙적인 무늬가 특징이다. 잎이 진 다음 줄기만 남으면 기근氣根(땅이 아닌 공기 중으로 노출되는 뿌리. 공기뿌리)이 나와 오래된 줄기에서 새 줄기가 나오는 멋진 모습을 볼 수 있다.

생육 범위

물 주기
흙 표면이 어느 정도 마르면 넉넉히 준다.

내한온도
10℃ 이상

관리 포인트
조금 밝고 따뜻한 장소에서 키운다. 다소 습한 환경을 좋아한다.

플랙트란투스

학명 | *Plectranthus*
과명 · 속명 | 꿀풀과 플랙트란투스속
특징 | 상록 덩굴성 다년초
원산지 | 아프리카 등

아프리카를 비롯해 아시아, 오스트레일리아의 열대 · 아열대 지역에 약 200여 종이 분포한다고 알려져 있다. 비교적 음지나 건조한 기후에 강하다. 줄기가 덩굴로 뻗는 종과 곧게 뻗는 종이 있으며, 꽃은 모두 대롱 모양으로 개화하며 끝이 살짝 벌어진다. 사진 속 플랙투란투스의 품종은 '케이프 엔젤*Cape Angles*'.

생육 범위

물 주기
흙 표면이 마르면 준다.

내한온도
7℃ 이상

개화시기
5~10월

관리 포인트
직사광선에 약하다. 줄기 끝을 따서 곁가지가 나오게 하면 더욱 풍성하게 자란다.

폴리셔스

학명 | *Polyscias fruticosa*
과명 · 속명 | 두릅나뭇과 폴리셔스속
특징 | 상록 저목
원산지 | 인도～폴리네시아

동서양 어디에나 잘 어울리는 섬세한 수형이 매력이다. 우거진 짙은 녹색 잎이 우아한 분위기를 연출하며, 생장환경만 잘 맞으면 작고 귀여운 흰색 꽃을 피우기도 한다.

생육 범위

물 주기
흙 표면이 마르면 준다.

내한온도
10℃ 이상

관리 포인트
추위에 약하다. 겨울철에는 화분을 다소 건조하게 유지하고 잎에 물을 준다.

로세아 클루시아

학명 | *Clusia rosea*
과명 · 속명 | 물레나뭇과 클루시아속
특징 | 상록 소고목
원산지 | 서인도제도～남미 북부

매끄럽고 두툼한 달걀형 잎이 매력적인 화초이다. 환경에 따라 광합성 방법을 바꿔서 최대한의 에너지를 얻는 특징이 있다.

생육 범위

물 주기
흙 표면이 마르면 준다.

내한온도
10℃ 이상

관리 포인트
밝은 장소를 좋아하지만 여름철 강한 햇살은 피하도록 한다.

버들선인장

학명 | *Rhipsalis capilliformis*
과명·속명 | 선인장과 립살리스속
특징 | 상록 다년생 다육식물
원산지 | 브라질 동부

고온다습한 정글의 나무나 바위 사이에 착생하여 그 사이로 비치는 따뜻한 햇살을 받으며 살아가는 선인장의 일종이다. 줄기가 오래되면 새로운 줄기가 갈라져 나와 서로 얽히며 자란다. 음지에서도 자라지만, 밝은 곳에서 키우면 초여름부터 작은 크림색의 꽃을 피운다.

생육 범위 ☀ ▢ ▧

물 주기
흙 표면이 마르면 준다.

내한온도
7℃ 이상

개화시기
5〜10월

관리 포인트
직사광선에 약하다. 줄기 끝을 따서 곁가지를 내면 더욱 풍성하게 자란다.

슈가바인

학명 | *Parthenocissus* 'Sugarvine'
이명 | 슈거바인, 파세노싯사스 슈가바인
과명·속명 | 포도과 파세노싯사스속
특징 | 상록 덩굴성 저목 원예종

내한성과 내음성이 비교적 뛰어나 키우기 쉽다. 클로버처럼 작고 둥근 잎 때문에 인기가 많으며, 꺾꽂이로 쉽게 번식시킬 수 있다.

생육 범위 ▢ ▧

물 주기
흙 표면이 마르면 준다.

내한온도
7℃ 이상

개화시기
5〜10월

관리 포인트
장마철이나 한여름처럼 고온다습한 시기에는 통풍이 잘되는 시원한 장소에 둔다.

아이비

학명 | *Hedera helix*
과명 · 속명 | 두릅나뭇과 헤데라속
특징 | 상록 덩굴성 저목
원산지 | 유럽 등

종류에 따라 잎의 형태, 색, 반점 모양이 다르다. 가드닝에 많이 사용되며 헤고가꾸기, 벽면 덮기, 와이어걸이 화분 등 사용 범위가 넓은 것이 특징이다. 사진 속 아이비의 품종은 새로나온 '트루러브True Love'와 '취운翠雲'.

생육 범위 ▢ ▢

물 주기
흙 표면이 마르면 준다.

내한온도
7℃ 이상

관리 포인트
건조한 기후에 강하고 습한 기후에 약하므로 늘 습도를 조절해준다.

피토니아

학명 | *Fittonia*
과명 · 속명 | 쥐꼬리망초과 피토니아속
특징 | 상록 덩굴성 다년초
원산지 | 페루, 안데스 산맥

내음성이 있는 편으로 실내 어디서나 키울 수 있다. 따뜻한 햇살이 비치는 곳에 두고 키우면 꽃이 피기도 한다. 사진 속 피토니아의 품종은 '붉은줄무늬피토니아*Fittonia verschaffeltii*'이다.

생육 범위 ▢ ▢

물 주기
흙 표면이 마르면 준다.

내한온도
10℃ 이상

관리 포인트
강한 햇살에 약하다. 고온다습한 기후를 좋아하므로 잎에 물을 자주 준다.

알로카시아 오도라

학명 | *Alocasia odora*
과명 · 속명 | 천남성과 알로카시아속
특징 | 상록 다년초
원산지 | 인도 북동부~일본, 중국, 필리핀

건조한 환경에는 약하지만 그 외의 환경에서는 매우 잘 자라 실내 화초로 꾸준히 인기를 끌고 있다. 생장이 빨라 일본에서는 빨리 출세하라는 뜻으로 개업식 선물로 많이 사용한다.

생육 범위 ☀ ▢ 🗑

물 주기
흙 표면이 마르면 준다.

내한온도
3℃ 이상

관리 포인트
직사광선에 약한 편이다. 생장기인 봄~가을에는 잎에도 물을 준다. 바람을 맞지 않도록 주의.

무늬홍콩야자

학명 | *Schefflera arboricola*
과명 · 속명 | 두릅나뭇과 쉐프렐라속
특징 | 상록 고목
원산지 | 대만, 중국 남부

손바닥 모양처럼 생긴 독특한 잎이 눈길을 끄는 화초이다. 내음성이 뛰어나고 추위와 더위에 강해 키우기 쉽다. 잎이 독특한 모양으로 비틀어져 있어 인기가 있다.

생육 범위 ▢ 🗑

물 주기
흙 표면이 마르면 준다.

내한온도
0℃ 이상

관리 포인트
건조한 기후에도 잘 견디지만 공기 중의 수분이 부족하면 잎이 시들 수 있다. 잎에 항상 물을 충분히 뿌린다.

박쥐란

학명 | *Platycerium bifurcatum*
과명 · 속명 | 고란초과 박쥐란속
특징 | 상록 반다년생 양치류
원산지 | 인도네시아, 오스트레일리아

나무나 바위에 착생하는 양치류의 일종이다. 생김새가 박쥐와 닮았다 하여 '박쥐란'으로 불린다. 고온다습한 환경을 좋아하며, 햇볕이 잘 드는 밝은 곳에서 자란다. 잎 표면에는 솜털이 무수히 많은데, 이는 강한 직사광선으로부터 몸을 보호하기 위함이다. 먼지로 착각해서 닦아내는 일이 없도록 하자.

생육 범위 ▣ ▣

물 주기
여름철에는 많이, 겨울철에는 적게 준다.

내한온도
2~3℃ 이상

관리 포인트
밝은 장소를 좋아하지만 강한 직사광선에는 약하다. 비료는 적게 주는 것이 좋다.

소포라 프로스트라타

학명 | *Sophora prostrata*
과명 · 속명 | 콩과 회화나무속
특징 | 상록 저목
원산지 | 뉴질랜드

계절마다 자라는 각도가 다르며, 가느다란 가지에 작고 둥근 잎이 난다. 가냘픈 가지의 생김새 때문에 '메르헨의 나무'로 불리기도 하지만, 자생지에서는 거목으로 자란다. 고유의 형태를 잘 살릴 수 있도록 세심한 관리가 필요하다.

생육 범위 ☀ ▣

물 주기
흙 표면이 마르면 준다.

내한온도
0℃ 이상

관리 포인트
밝은 곳을 좋아하지만 더위에는 약하다. 통풍이 잘되는 곳에서 키운다.

피커스 루비기노사

학명 | *Ficus rubiginosa*
과명 · 속명 | 뽕나뭇과 무화과속
특징 | 상록 저목
원산지 | 오스트레일리아

윤기가 흐르는 둥근 잎이 매력으로 오래된 가지에서 새로운 가지와 잎이 나기 때문에 분재가 쉽다. '고무나무'라는 명칭이 붙기는 하지만, 고무는 남미에서 자라는 대극과의 식물에서만 채취할 수 있으므로 이와는 다른 종이다.

생육 범위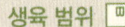

물 주기
흙 표면이 마르면 준다.

내한온도
10℃ 이상

관리 포인트
내한성과 내음성이 다소 떨어지므로 화분을 두는 위치에 신경을 쓴다. 잎에 물을 충분히 준다.

자미오쿨카스

학명 | *Zamioculcas zamiifolia*
이명 | 금전수, 돈나무, 소철고사리
과명 · 속명 | 천남성과 자미오쿨카스속
특징 | 상록 다년생 다육식물
원산지 | 열대 아프리카 동부

건축구조물처럼 잎이 배열을 맞춰 자라는 것이 특징이다. 잎이 꽃을 피우듯 조금씩 벌어지며 자라기 때문에 인기가 많다. 알뿌리와 잎에 물을 저장하므로 건조한 기후에 강하며 내음성도 있다.

생육 범위

물 주기
흙 표면이 마르면 준다.

내한온도
10℃ 이상

관리 포인트
배수가 잘되는 흙에 심는다. 겨울철에는 조금 건조한 상태를 유지한다.

그늘지지만
밝고 따뜻한 장소

초보자가 키우기 쉬운 대중적인 화초가 대부분 이에 속한다.
물 주기와 통풍에 신경 쓰고, 해당 식물이 자라는 데 적합한 환경을 만들어주자.

※ 식물은 적합한 생육 장소에 따라 크게 네 가지로 나누었으며, 이를 참고해 적합한 장소에 두도록 하자.

사진과 같이 창가에서 떨어진 장소나 방의 한쪽 구석 등을 말한다.
모두 튼튼한 종이지만 자주 들여다보며 관리하자.

스파티필룸

학명 | *Spathiphyllum*
과명 · 속명 | 천남성과
스파티필룸속
특징 | 상록 다년초
원산지 | 말레이반도

실내 화초로 인기가 많은 식
물로, 약 30여 가지의 품종
이 있다. 흰 꽃잎처럼 생긴
부분은 잎이 변형된 것으로,
불염포佛焰苞라고 불린다. 청
초한 분위기를 풍기며, 포
름알데히드를 제거하는 능
력이 뛰어나다. 사진 속 스
파티필룸의 품종은 '메리
Merry'.

생육 범위	
물 주기	
흙 표면이 마르면 준다.	
내한온도	
5℃ 이상	
개화시기	
봄~여름	
관리 포인트	
그늘에서도 잘 자라지만, 햇볕이 잘 드는 곳에 두어야 꽃이 핀다.	

몬스테라 페르튜사

학명 | *Monstera pertusa*
과명·속명 | 천남성과 몬스테라속
특징 | 상록 덩굴성 다년초
원산지 | 멕시코 등

완전히 자라면 잎에 결각缺刻(잎의 가장자리가 깊게 패어 들어감)이 생겨 독특한 모양이 완성되는 화초이다. 크기가 작아서 실내 어디에나 둘 수 있으며, 작고 아담하게 키우는 것이 포인트이다.

생육 범위

물 주기
흙 표면이 마르면 준다.

내한온도
5℃ 이상

관리 포인트
잎에 자주 물을 뿌리도록 한다.

싱고니움

학명 | *Syngonium podophyllum*
과명·속명 | 천남성과 싱고니움속
특징 | 상록 덩굴성 다년초
원산지 | 열대 아메리카

인기가 많은 실내 화초 가운데 하나이다. 덩굴성 식물로 자생지에서는 다른 나무에 기근을 내리고 기어오르며 자란다. 여름철에 가장 왕성히 자라며, 색도 아름답다. 다 자라면 잎에 결각이 나면서 또 다른 모습으로 바뀌는 것도 특징. 사진 속 싱고니움의 품종은 '실키Silky'이다.

생육 범위

물 주기
흙 표면이 마르면 준다.

내한온도
10℃ 이상

관리 포인트
고온다습한 기후를 좋아하므로 물을 충분히 주고, 잎이 마르기 쉬우므로 주의한다.

벵갈고무

학명 | *Ficus benghalensis*
과명 · 속명 | 뽕나뭇과 무화과속
특징 | 상록 고목
원산지 | 인도, 열대 아시아

인도에서는 장수와 풍요를 상징하는 신성한 나무로 여겨
져, 결혼을 축하하는 기념수로 사용하기도 한다. 옅은 녹색
의 다육질 잎에 뚜렷한 잎맥이 아름다우며, 비교적 재배하
기 쉬워 실내 화초로 인기가 많다.

생육 범위

물 주기
흙 표면이 마르면 준다.

내한온도
10℃ 이상

관리 포인트
통풍이 잘되는 곳에서 키우고,
직사광선은 피하도록 한다.

아레카야자

학명 | *Chrysalidocarpus lutescens*
과명 · 속명 | 야자과 크리살리도카르푸스속
특징 | 상록 중저목
원산지 | 마다가스카르

가늘고 결각이 깊게 나 있는 커다란 잎에서
남국의 정취가 느껴진다. 180cm가 넘는 성
목이 되면 증산작용이 활발해져서 하루에 약
1L의 수분을 공기 중에 방출한다. 실내의 화
학물질을 제거하는 것으로도 알려져 있다.

생육 범위

물 주기
흙 표면이 마르면 준다.

내한온도
10℃ 이상

관리 포인트
추위에 약하다. 잎에 물을 넉넉히 주고,
여름철에는 습해지지 않도록 주의한다.

쉐프렐라 콤팩타

학명 | *Schefflera arboricola cv. 'Compacta'*
과명 · 속명 | 두릅나뭇과 쉐프렐라속
특징 | 상록 저목
원산지 | 중국 남부~대만

넓게 퍼져 자라면서 은은한 분위기를 연출하는 가지와 가늘고 뾰족하게 뻗은 잎사귀의 날렵한 분위기가 대조를 이룬다. 건조한 기후에 강하고 내음성도 뛰어난 편이어서 실내 화초에 처음 도전하는 초보자에게 권하고 싶은 식물이다.

생육 범위

물 주기
흙 표면이 마르면 준다.

내한온도
5℃ 이상

관리 포인트
건조한 환경을 잘 견디지만 공기 중의 수분이 부족하면 잎이 질 수 있다. 잎에 물을 충분히 주자.

테이블야자

학명 | *Chamaedorea elegans*
과명 · 속명 | 야자과 카메도레아속
특징 | 상록 저목
원산지 | 멕시코

크기가 작아서 테이블에 올려놓기 좋은 야자나무이다. 매우 튼튼해서 밝은 곳이라면 실내 어느 곳에서든 잘 자란다. 줄기가 두꺼워지면 수형이 흐트러지므로 포기나누기나 휘묻이(긴 줄기나 가지의 일부를 휘어 땅에 묻어서 뿌리를 내는 방법)를 해서 수형을 다듬는다.

생육 범위

물 주기
흙 표면이 마르면 준다.

내한온도
10℃ 이상

관리 포인트
직사광선에 약하다. 잎에 물을 충분히 주되, 겨울철에는 물을 조금 적게 준다.

튜피단더스

학명 | *Tupidanthus calyptratus*
과명 · 속명 | 두릅나뭇과 튜피단더스속
특징 | 상록 소고목
원산지 | 인도 북동부 연안〜말레이시아

초승달 모양의 매끄럽고 두꺼운 잎이 매력인 화초로 이국적인 분위기 때문에 인테리어 효과까지 뛰어나다. 내음성, 내한성이 뛰어나 초보자도 쉽게 키울 수 있다.

생육 범위

물 주기
흙 표면이 마르면 준다.

내한온도
2〜3℃ 이상

관리 포인트
극단적인 환경만 아니라면 어디서든 잘 자란다.

피커스 알티시마

학명 | *Ficus altissima*
과명 · 속명 | 뽕나뭇과 무화과속
특징 | 상록 고목
원산지 | 동남아시아

밝은 녹색의 큼지막한 잎에서 풍기는 묵직한 존재감이 시선을 끈다. 황록색의 얼룩무늬가 잎을 둘러싸고 있는 것이 특징. 원산지에서는 거목으로 자란다.

생육 범위

물 주기
흙 표면이 마르면 준다.

내한온도
5℃ 이상

관리 포인트
생장기인 초여름부터 가을까지는 물을 충분히 준다. 잎에도 물을 준다.

떡갈잎고무

학명 | *Ficus lyrata*
과명 · 속명 | 뽕나뭇과 무화과속
특징 | 상록 고목
원산지 | 열대 아프리카

두껍고 진한 녹색 잎이 떡갈나무잎
처럼 생겼다고 해서 '떡갈잎고무'라
고 불린다. 나뭇잎의 모양이 바이
올린을 닮았다고 하여 '바이올린 나
무fiddle leaf fig'로 불리기도 한다. 잎
이 커서 큰 화분에 어울리며 생명력
이 강하다.

생육 범위 🪟 🏠

물 주기
흙 표면이 마르면 준다.

내한온도
2~3℃ 이상

관리 포인트
분무기로 잎에 자주 물을 뿌려
준다.

우비페라 코콜로바

학명 | *Coccoloba uvifera*
이명 | 시 그레이프
과명 · 속명 | 고란초과 크네오룸속
특징 | 상록 중고목
원산지 | 멕시코, 서인도제도, 브라질

동그란 열매가 열려 있는 모습이 포도송이처럼 보여서 '시 그레이프*Sea grape*'라고도 불린다. 남미 해안가에 자생하며 흰색의 작은 꽃을 피워 꿀을 가득 저장한다. 불규칙적으로 나타나는 붉은 반점과 황금빛으로 자라는 새 잎이 매력으로 비교적 키우기 쉽다.

생육 범위

물 주기
흙 표면이 마르면 듬뿍 준다.

내한온도
5℃ 이상

관리 포인트
생육기인 봄~가을에는 두 달에 한 번꼴로 완효성비료를 준다.

에버프레시

학명 | *Pithecellobium sophorocarpum var.* angustifolium
과명 · 속명 | 콩과 코요바속
특징 | 상록 고목
원산지 | 볼리비아

내음성이 뛰어나서 실내 화초로 인기가 많다. 밤에는
잎을 닫았다가 아침이면 잎을 여는 특징이 있으며, 노
란색 꽃을 피운 후 붉은색 꼬투리를 맺는다.

생육 범위 〔回〕〔回〕

물 주기
흙 표면이 마르기 전에
듬뿍 준다.

내한온도
10℃ 이상

개화시기
5~8월

관리 포인트
비교적 물을 좋아하는
식물이지만 그렇다고
해서 항상 습한 상태로
두어서는 안 된다. 직
사광선에 약한 편이다.

쉐프렐라 악티노필라

학명 | *Schefflera actinophylla*
이명 | 대엽홍콩야자, 대엽홍콩, 홍콩대엽
과명 · 속명 | 두릅나뭇과 쉐프렐라속
특징 | 상록 고목
원산지 | 오스트레일리아, 인도네시아

두꺼운 줄기와 매끄럽고 큰 잎이 방사형으로 넓
게 뻗은 것이 특징인 화초로, 잎이 우산을 펼친 듯
한 모습으로 자란다고 해서 '우산 나무Umbrella tree'
라고도 불린다. 원산지에서는 30m 높이의 거목
으로 자라며, 내음성이 있고 건조한 기후에 강한
편이다.

생육 범위 〔回〕〔回〕

물 주기
흙 표면이 마르면 준다.

내한온도
2~3℃ 이상

관리 포인트
건조한 기후에 강
한 편이지만 잎에
는 정기적으로 물
을 주자.

드라세나 콤팩타

학명 | *Dracaena deremensis* cv.
'Virens Compacta'
과명 · 속명 | 용설란과 드라세나속
특징 | 상록 중저목
원산지 | 열대 아프리카

드라세나는 아시아, 아메리카, 아프리카의 열대지방에 약 50여 종이 분포하고 있으며, 품종에 따라 생김새에 차이가 있다. 그 가운데 '드라세나 콤팩타'는 생산자가 적어서 희귀한 편이며, 짙은 녹색 잎과 독특한 가지의 모양이 매력이다. 생장이 느리지만 그만큼 수형이 흐트러지지 않아 인기가 많다.

생육 범위

물 주기
흙 표면이 마르면 준다.

내한온도
10℃ 이상

관리 포인트
여름철에는 잎에 물을 준다.
직사광선에 약하므로 주의한다.

파키라

학명 | *Pachira aquatica*
과명 · 속명 | 물밤나뭇과 파키라속
특징 | 상록 소고목
원산지 | 멕시코 등

매우 튼튼해서 키우기 쉬운 식물
이다. 생장기인 여름에는 곁가지
가 자라서 한층 멋스러우며, 곁가
지가 너무 길어지면 전정을 해서
원래의 수형으로 되돌릴 수도 있
다. 파키라의 꽃말은 '승리'로, 재
물운을 상승시킨다고 한다.

생육 범위

물 주기
흙 표면이 마르면
듬뿍 준다.

내한온도
7℃ 이상

관리 포인트
습도가 지나치게 높으
면 잎진드기가 생기기
쉬우므로 잎에 물을 충
분히 준다.

필로덴드론
비핀나티피둠

학명 | *Philodendron bipinnatifidum*
과명 · 속명 | 천남성과 필로덴드론속
특징 | 상록 다년초
원산지 | 브라질 등

곧게 뻗어 자라는 직립성종으로, 잎
이 지면 그 자리에서 기근이 자란
다. 자생지에서는 거목에 달라붙어
자라기 때문에 '사랑의 나무'로도
불린나.

생육 범위

물 주기
흙 표면이 마르면
듬뿍 준다.

내한온도
5℃ 이상

관리 포인트
습도가 약간 높은 환
경을 좋아하므로 겨울
을 제외한 계절에는
잎에 물을 자수 수자.

인공조명만 있는 장소

빛이 잘 들지 않는 집이라면 화초를 키우기가 망설여질 것이다.
형광등 같은 인공조명만 있거나, 창문이 난 곳이 북쪽이라서
햇볕이 거의 들지 않는다면 지금부터 소개하는 화초에 주목하자.

※ 식물은 적합한 생육 장소에 따라 크게 네 가지로 나누었으며, 이를 참고해 적합한 장소에 두도록 하자.

사진과 같이 창문이 없는 방 안이나 창문이 있어도 직사광선이 닿지 않는 장소를 말한다.
물론 직사광선이 필요하지 않을 정도일 뿐, 완전히 어두워서는 안 된다.

스킨답서스

학명 | *Epipremnum aureum*
이명 | 포토스
과명 · 속명 | 천남성과 에피프렘눔속
특징 | 상록 덩굴성 다년초
원산지 | 솔로몬제도

튼튼하고 내음성이 강하며 쉽게 번
식시킬 수 있어서 오랫동안 실내 화
초로 사랑받고 있다. 품종이 매우
다양하며 자생지에서 자라는 스킨
답서스 가운데는 몬스테라처럼 결
각이 깊게 난 거대한 품종도 있다.
왼쪽은 '마블 퀸 *marble queen*', 오른쪽
은 '골든 포토스 *golden pothos*'이다.

생육 범위

물 주기
흙 표면이 마르면
준다.

내한온도
10℃ 이상

관리 포인트
살짝 습한 환경을 좋
아하므로 잎에 물을
정기적으로 준다.

상록넉줄고사리

학명 | *Humata tyermannii*
이명 | 후마타
과명·속명 | 넉줄고사리과 후마타속
특징 | 상록 다년생 양치류
원산지 | 중국 남부～인도

은백색의 털이 길게 자라 줄기와 뿌리를 뒤덮는다는 점에서 '넉줄고사리*Davallia mariesii*'와 닮았으나, 넉줄고사리는 겨울에 잎이 지는 낙엽성인 반면 상록넉줄고사리는 일 년 내내 잎이 푸른 양치류이다. 내음성이 강해서 어디서나 잘 자라는 편이다.

생육 범위

물 주기
흙 표면이 마르면 준다.

내한온도
2～3℃ 이상

관리 포인트
건조한 기후에 비교적 강한 편이지만, 흙이 심하게 마르지 않도록 관리하자.

필로덴드론 실버 메탈

학명 | *Philodendron imbe cv.* 'Silver Metal'
과명·속명 | 천남성과 필로덴드론속
특징 | 상록 덩굴성 다년초 원예품종

광택을 띤 푸른 잎이 매력인 화초로 희귀종이다. 내음성이 강해 실내 어디서든 키울 수 있으나, 직사광선이 비치는 장소는 피하는 것이 좋다.

생육 범위

물 주기
흙 표면이 마르면 준다.

내한온도
5℃ 이상

관리 포인트
흙 표면이 마르면 물을 충분히 주되, 겨울철에는 조금 적게 준다. 생장기인 여름철에는 흙 위에 고형 건조비료를 얹어놓자.

파초일엽

학명 | *Asplenium antiquum*
과명 · 속명 | 꼬리고사리과 꼬리고사리속
특징 | 상록 다년생 양치류
원산지 | 한국(제주 섶섬), 일본 남부, 대만

주로 산속 나무나 바위 표면에 착생해 자라는 양치류이다. 일본에서는 요리해 먹기도 하는 데 아스파라거스처럼 아삭한 식감을 느낄 수 있다.

생육 범위

물 주기
흙 표면이 완전히 마르기 전에 준다.

내한온도
2~3℃ 이상

관리 포인트
수분을 좋아하므로 물 주는 것을 잊지 말자. 직사광선에 매우 약하다.

다란

학명 | *Chloranthus spicatus*
과명 · 속명 | 홀아비꽃대과 죽절초속
특징 | 상록 소저목
원산지 | 중국 남부

걸이화분이나 스탠드형 화분에 잘 어울리는 화초이다. 5~6월 사이에 작은 연노란색 꽃을 피운다. 추위에 강한 편이며 내음성도 뛰어나 실내 어디서든 건강하게 잘 자란다.

생육 범위

물 주기
흙 표면이 마르면 준다.

내한온도
10℃ 이상

개화시기
5~6월

관리 포인트
살짝 습한 환경을 좋아하므로 잎에 물을 정기적으로 준다.

원산지와 학명을 알면
화초를 키우는 즐거움이 배가 된다

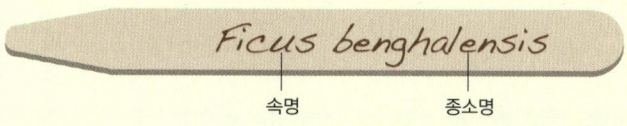

속명　　　　　　종소명

학명은 전 세계적으로 통용되는 식물의 이름

식물의 고향을 아는 것은 해당 식물의 기본 성질을 이해하기 위한 첫걸음이다. 식물이 잘 자라는 환경과 조건을 알 수 있기 때문이다. 그리고 해당 식물이 고목으로 자라는지 저목으로 자라는지에 대한 기본 성질을 알면 더 좋다. 그러므로 식물을 구입하기 전에 라벨에 표시된 원산지와 기본 정보를 확인하도록 하자.

원산지를 확인했다면 이탤릭체로 표기된 학명을 보자. 학명은 전 세계에서 통용되는 해당 식물의 명칭으로, 표기 방법에 대한 일정한 규칙만 이해하면 식견과 안목을 넓힐 수 있다.

학명은 기본적으로 속명+종소명^{품종} 명으로 구성된다. 예를 들어, 벵갈고무의 학명은 '피커스 벵갈렌시스^{Ficus benghalensis}'이므로 피커스라는 그룹에 속한 벵갈렌시스라는 이름의 일원이라는 뜻이 된다(더 큰 그룹으로 과^科가 존재하지만 학명은 속^屬부터 표기하므로 여기서는 생략한다). 피커스^{Ficus}는 우리말로 무화과속을 말하는데, 여기에 속하는 식물로는 '피커스 움베라타^{Ficus umbellata}', '벤자민고무^{Ficus benjamina}' 등 800여 종이 넘고, 상록·낙엽의 고목과 저목, 덩굴성 식물까지 종류도 다양하다. 그러나 같은 속이므로 줄기에서 흰색 유액이 나오거나, 무화과속의 열매를 맺는 공통된 특징이 있다. 즉, 같은 속이므로 품종은 다양해도 비슷한 성질을 갖는다.

한편, 같은 식물인데도 전혀 다른 이름표를 붙이고 유통되는 경우도 많다. 이는 영문 표기된 학명을 우리말로 번역하다가 표기법이 통일되지 않는 등의 이유로 오기된 채 유통되었거나, 우리나라에서 원래부터 불리던 이름이 있었기 때문이다. 예를 들어, '크라시폴리아고무(P92)'의 경우 학명은 '피커스 미크로카르파^{Ficus microcarpa}'이지만 매장에서는 '인삼판다'라고 해야 더 잘 알아듣는다. 그러나 인삼판다라고 하면 어느 속에 속해 있는 식물이고, 어떻게 키우는 것이 좋을지 유추하기가 힘들다. 즉, 자신의 리이프 스타일에 맞는 식물인지, 어떻게 키울지 판단하고 알기 위해서는 학명을 아는 것이 바람직하다.

Index

그린 인테리어의 모든 것

잇츠그린

초판 1쇄 발행 2014년 8월 4일
—
지은이 주부의벗사
옮긴이 황세정
—
편집 김민정, 김은지
디자인 장주원, 한희정
마케팅 이은기, 정현우
—
발행인 김인태
발행처 삼호미디어
등록 1993년 10월 12일 제21-494호
주소 서울특별시 서초구 바우뫼로41길 18 원원센터 4층
문의 02-544-9456 **팩스** 02-512-3593
홈페이지 www.samhomedia.com
—
ISBN 978-89-7849-510-3 13590

이도서의 국립중앙도서관 출판시도서목록(CIP)은
서지정보유통지원시스템 홈페이지(http://seoji.nl.go.kr)와
국가자료공동목록시스템(http://www.nl.go.kr/kolisnet)에서
이용하실 수 있습니다.
CIP제어번호 : CIP2014018907